經營顧問叢書 ㉜④

降低人力成本

吳易華（臺北） 張常勝（武漢）／編著

憲業企管顧問有限公司　　發行

《降低人力成本》

序　言

經營環境變差，物價指數連續上升，各類人才的缺乏與競爭，致使人力成本越來越高……如何有效降低人力成本，成為企業必須面對的局面，本書就是專為企業如何因應人力成本高漲而撰寫的實務對策書。

用人費除了員工每月薪給之外，還須加上年終獎金，各種福利費或職場訓練費等，甚至是離職造成的費用，雇人的總成本，其總數幾達每月薪津的 1.45 倍或 1.7 倍。

在一般的情況下，很多人一想到減少人力成本支出，首先想到的是降低工資，乾脆刪減福利成本，或裁減員工，這都是捨本逐末、殺雞取卵的做法，不但不能從根本上解決企業的生存和競爭壓力，而且還有可能走向內外交困的死胡同。

更有甚者，為降低人力成本，不少企業病急亂投醫，要求員工自願辭職、重簽工作合約、強迫員工無薪休假等現象，病急亂投醫帶來的後果，實際上並沒有降低企業人力成本。

手段錯誤的關鍵原因是，你沒有徹底弄明白人力成本的真正內涵，降低人力成本不光是簡單地支付盡可能低的人事費用、砍掉一些必要的人力成本，而是要提高人力成本率，降低無效成本。

本書就是從提高人力成本率、減少無效人力成本的角度，介紹企業如何有效地降低人力成本：

1.企業要減少無效人力成本

所謂無效的人力成本，就是不能為產品或是服務增值的人力成本。通俗地講，就是企業花了這個錢，它不會提高產量，也不會提高企業的服務品質。無效人力成本至少包括以下形式：

· 不需要工作或流程而使用到的人員

· 需要工作但工作量不飽和的多餘人員或時間

· 成本投入與績效產出相對低的人員

· 遣散費用、招聘費用和工傷費用

2.企業要有效控制人力成本

如何有效地控制人力成本，應該說是企業經營管理的重大內容，因為人力成本事關企業組織的整體成本，成本過高會影響組織在其他方面如技術上的投入，成本太低及人力成本支付不足，又很難吸引人才的加入，最終形成對企業發展的羈絆。

本書是 2017 年 3 月出版，專為企業如何因應人力成本高漲而撰寫的實務對策書，講解企業如何在具體技巧上，有效的降低人力成本，讀者可根據各企業實情而參照使用。

《降低人力成本》

目　錄

1 企業人力成本的 6 種認識

1. 人是成本，更是資本

「以人為本」的管理理念，早已深入了現代企業管理的肌骨。以人為本，強調的是有效提高企業知識生產力，建立企業中人與其他要素的良好關係。企業的所有活動都是靠人完成的，即使在高科技、自動化的今天也是一樣。對於勞力密集型的生產企業，基本上所有的產品都要經過員工的雙手生產完成。因而，人是企業價值創造的源泉，是企業最重要的資本之一。

人是企業最重要的資本，在生產中的作用是不可低估的，企業要好好利用。然而，一些企業在人力資源管理方面存在著很大的偏失，認為人是一種成本，而成本是需要控制的。其實，人與企業的關係，好比水與舟，水能載舟，亦能覆舟。如果一味強調人是成本，甚至認為企業是員工的衣食父母，員工是可有可無、無足輕重的，那麼，這樣的企業肯定不能長久。

實際上，經過培訓的員工是資產，沒有經過培訓的員工是負債。培訓是員工的最大福利，同時，培訓的收益將提升十幾倍甚至幾十倍，沒有培訓的員工才是企業最大的成本。

因而，企業需要最大限度地激發員工的積極性和創造性，同時完善用人管理機制，最大限度地挖掘人才，提高用人效能，實現員工價值最大化。企業應該宣導「人是企業的第一資本」，同時明確合適的人才才是企業的資本。企業應該讓每個人都成為企業的有效資本，而不是成為企業的無效資本。

2. 員工薪資≠人力成本

所謂人力成本，是指企業在一定時期內，在生產、經營和提供勞務活動中因使用勞力而支付的所有直接費用和間接費用的總和。

人力成本控制要從生產企業的全局來看、從整體上來談。如果單純就「人力成本」論成本，則是錯誤的，也是不公正的。

有一些企業認為人力成本主要就是員工的薪資。一談到要控制人力成本，它們首先想到的就是扣減員工的薪資，有的甚至想方設法地克扣盤剝；還有一些企業為了減少員工薪資的支出，怪招迭現：不停地試用新人，過一段時間更換一批新人；無限延長員工的試用期；只是口頭激勵，員工工作幾年薪資照舊；以身試法，僱用童工及一些未成年人。

其實，對於人力成本，法律、法規有相關的規定。人力成本包括員工薪資總額、社會保險費用、員工福利費用、員工教育經費、員工住房費用和其他人力成本支出。當然，員工薪資總額是人力成本的主要組成部份。

所以企業不應把人力成本和員工薪資混為一談，更不應為了減少人力成本而克扣員工的薪資。

3. 高薪資≠高人力成本

假設有一家專業的機械製造廠，生產的機械設備價值很高，經過專業培訓的員工對每個零件都能按照標準的流程要求去做，這些員工的薪資會比較高。但是，如果降低薪資標準，或缺少相應的激勵機制，員工對工作缺乏熱情，每個環節都疏忽一點，很可能造成嚴重的後果；如果薪資標準再低一些，讓一些新員工去做，一則生產效率大大降低，二則可能因為新員工操作不熟練或不規範而導致大量次品產生，更嚴重的會讓價值幾百萬元或幾千萬元的設備毀於一旦。

你或許會說，企業會層層把關，檢驗標準很嚴格，發生這種事情的概率是比較小的。可你有沒有想過，即便是 0.01%的可能，也會讓企業的聲譽受到嚴重的損害，而且次品率的提高其實變相地增加了企業的生產成本。如果再加上這些次品的檢驗、回收、倉儲、管理等成本，那就是一筆更大的開銷。因此企業不應對錯誤心存僥倖，不應為可能的錯誤尋找藉口，應將一切錯誤消滅於萌芽之中。

其實，如果企業支付給員工高薪資，同時生產效率成倍增長，那麼企業的人力成本相比而言就非常低了。

4. 裁員不一定會降低人力成本

有的企業在談到降低人力成本時，就會想到裁員。尤其是在經濟狀況不佳時，企業往往要進行裁員以實現成本節約，而裁員真的可以為企業「降低人力成本」嗎？

有些企業常常會走進一個偏失：從人力成本較高的員工開始裁員，以達到最快的成本節約目的。其實這樣做，在企業經濟狀況好轉後，為了達到同樣的工作效率，可能會為此付出更高的人力成本。所以，當經濟不景氣時，企業真正需要裁員時，應該充分考慮員工的成本與貢獻比例，結合企業長期對人才的需求，而不應僅僅為了在短期內迅速實現成本節約而犧牲長期的成本效益。

裁員可以減少在總體人力成本上的支出，但如果總體效能上不去，裁員是無效的。裁員不是單純地為了減幾名員工，其目的在於增效。增效包括兩個方面的意思：

⑴效率的提高。通過裁員，克服人浮於事、效率低下的現象，實行優勝劣汰、擇優上崗、人盡其才，從而，提高工作生產率，實現人力資本的增值。

⑵效益的提高。通過裁員，降低人力成本，以最少的人力投入取得最大的產出。

因此，企業要想通過裁員達到降低人力成本的效果，必須有良好的制度做保障。否則，裁掉再多的員工也未必能降低人力成本。

5. 提高生產效率是降低人力成本的有效途徑

以節約為成本控制基本理念的企業只是土財主式的企業，它們除了盤剝員工和在原材料上大打折扣以外，沒有什麼過人之處。所以，我們需要學習現代企業應有的成本控制戰略和方法。而對生產企業來說，如果要發展，就不應過分苛刻地盤剝員工的勞動成果，而是想方設法激發員工的積極性。如果企業讓員工得到的更多，員工就會更努力地工作。衡量一家企業生產效率的一個重要指標是直接生產效率和總生產效率。

直接勞動力生產效率用以計算生產線直接勞動力的生產力。直接勞動力是指生產線上的操作人員，但維修人員、倉庫人員、清潔人員等不計算在內。

直接勞動力生產效率＝淨產量÷直接勞動力×100%

這裏的直接勞動力是指生產線上直接勞動力工作時間的總和，包括超時工作，而不考慮員工是合約工還是臨時工。

直接勞動力生產效率越高，用來製造同一生產量的工作時間越少。直接勞動力生產效率也可以反映生產線員工人數配置是否合理，過多或過少的員工人數配置會降低直接勞動力生產效率，影響生產而降低生產量，因而需要進行合理的員工人數配置，並且不斷改進。

總勞動力生產效率用以計算生產運作中全部人員的利用率，包括直接勞動力、行政人員、工程人員、倉管人員、品質人員、技術人員，但不包括市場人員、銷售人員、研究開發人員、財務人員、人力資源人員等。

總勞動力生產效率＝淨產量÷總勞動力×100%

這裏的總勞動力的計算包括超時工作，但要考慮員工是合約工還是臨時工。

總勞動力生產效率越高，表明員工利用率越好。如果總勞動力生產效率較低，需要找出原因，從而對效率較低的因素進行改進。

心得欄

2 企業人力成本的構成分析

一、人力成本的構成

所謂企業人力資源成本(以下簡稱為 HR 成本)，是指為了獲得日常經營管理所需的人力資源，並於使用過程中及人員離職後所產生的所有費用支出，具體包括招聘、錄用、培訓、使用、管理、醫療、保健和福利等各項費用。

根據人員從進入企業到離開企業整個過程中所發生的人力資源工作事項，可將 HR 成本分為取得成本、開發成本、使用成本與離職成本四個方面，具體明細如表 2-1 所示。

二、人力資源成本的說明

1. 取得成本

取得成本是指企業在招募和錄取員工的過程中發生的成本，主要包括招聘、選擇、錄用和安置等各個環節所發生的費用。

(1)招聘成本，指為吸引和確定企業所需內外人力資源而發生的費用，主要包括招聘人員的直接費用、直接業務費用(如招聘洽談會議費、差旅費、代理費、廣告費、宣傳材料費、辦公費、水電費等)和間接費用(如行政管理費、臨時場地及設備使用費)等。

表 2-1 HR 成本一覽表

人力資源成本	1. 取得成本	⑴招聘成本
		⑵選擇成本
		⑶錄用成本
		⑷安置成本
	2. 開發成本	⑴崗前培訓成本
		⑵崗位培訓成本
		⑶脫產培訓成本
人力資源成本	3. 使用成本	⑴維持成本
		⑵獎勵成本
		⑶調劑成本
		⑷事故保障成本
		⑸健康保障成本
	4. 離職成本	⑴離職補償成本
		⑵離職前低效成本
		⑶空職成本

⑵選擇成本，指企業為選擇合格的員工而發生的費用，包括在各個選拔環節(如初試、面試、心理測試、評論、體檢等過程)中發生的一切與決定錄取或不錄取有關的費用。

⑶錄用成本，指企業為取得已確定聘任員工的合法使用權而發生的費用，包括錄取手續費、調動補償費、搬遷費等由錄用引起的有關費用。

⑷安置成本，指企業將被錄取的員工安排在某一崗位上的各種行政管理費用，包括錄用部門為安置人員所損失的時間成本和錄用部門安排人員的勞務費、諮詢費等。

2. 開發成本

開發成本是指為提高員工的能力、工作效率及綜合素質而發生的費用或付出的代價，主要包括崗前培訓成本、崗位培訓成本等。

⑴崗前培訓成本，指企業對上崗前的新員工在基本技能、規章制度、基本知識等方面進行培訓所發生的費用，具體包括培訓者與受培訓者的薪資、培訓者與受培訓者離崗的人工損失費用、培訓管理費、資料費用和培訓設備折舊費用等。

⑵崗位培訓成本，指企業為使員工達到崗位要求而對其進行培訓所發生的費用，包括上崗培訓成本和崗位再培訓成本。

⑶脫產培訓成本，指企業根據生產和工作的需要，允許員工脫離工作崗位接受短期（一年內）或長期（一年以上）培訓而發生的成本，其目的是為企業培養高層次的管理人員或專門的技術人員。

3. 使用成本

使用成本是指企業在使用員工的過程中發生的費用，主要包括薪資、獎金、津貼、補貼、社會保險費用、福利費用、住房費用、工會費、存檔費和殘疾人保障金等。

⑴維持成本，指企業保持人力資源的勞動力生產和再生產所需要的費用，主要指付出員工的報酬，包括薪資、津貼、年終分紅等。

⑵獎勵成本，指企業為了激勵員工發揮更大的作用，而對其超額勞動或其他特別貢獻所支付的獎金，包括各種超額獎勵、創新獎勵、建議獎勵或其他表彰支出等。

⑶調劑成本，指企業為了調劑員工的工作和生活節奏，使其消除疲勞、穩定員工隊伍所支出的費用，包括員工療養費用、文體活動費用、員工定期休假費用、節假日開支費用、改善企業工作環境的費用等。

⑷事故保障成本，指員工因工受傷和因工患職業病的時候，企業應該給予員工的補償費用，包括工傷和患職業病的薪資、醫藥費、殘廢補貼、喪葬費、遺屬補貼、缺勤損失、最終補貼等。

⑸健康保障成本，指企業承擔的因工作以外的原因(如疾病、傷害、生育等)引起員工健康欠佳不能堅持工作而需要給予的補償費用，包括醫藥費、缺勤薪資、產假薪資和補貼等。

4.離職成本

離職成本是指企業在員工離職時可能支付給員工的離職津貼、一定時期的生活費、離職交通費等費用，主要包括解聘、辭退費用及因工作暫停而造成的損失等。

⑴離職補償成本，指企業辭退員工或員工自動辭職時，企業所應補償給員工的費用，包括至離職時間止應付給員工的薪資、一次性付給員工的離職金、必要的離職人員安置費用等支出。

⑵離職前低效成本，指員工即將離開企業時造成的工作或生產低效率損失的費用。

⑶空職成本，指員工離職後職位空缺的損失費用。某職位出現空缺後可能會使某項工作或任務的完成受到不良影響，從而造成企業的損失。

三、不同的比例標準

人力成本的三個部份在不同的行業中會有不同的比例標準。

第一，直接成本是指員工的直接所得，包括薪資、獎金、加班費、紅利、職務津貼、遣散補償等。

第二，間接成本是指企業付出但員工未必能夠直接所得的薪酬，如社會保險、商業保險、住房公積金等。

第三，開發成本是指為增加員工數量或能力而支出的成本，包括招聘費用、培訓費用(不含培訓設備設施費用)。

某公司為了增強員工歸屬感，體現人文關懷，進一步推動企業文化建設，形成良好的企業向心力和凝聚力。該公司結合具體情況，特制定了以下福利制度。

(1)醫療：公司每年為員工組織一次體檢，確保每位員工以健康的身體投入工作。體檢由人力資源部統一組織，在公司指定的醫院進行。體檢結果由人力資源部備案，同時對個人體檢信息嚴格保密。

(2)節日補貼：按照傳統習慣，每年的清明節、端午節、中秋節、春節、婦女節，公司都為員工發放過節費，以寄同樂之情，婦女節只限女性享受。另外，每年七月份到九月份間，公司每月給員工發放防暑降溫補貼。

(3)禮金：公司要求員工要有激情地去工作，認同企業的發展目標。為發揚以人為核心的企業文化，公司在員工結婚、喜得貴子、生日、住院、直系親屬去世等情況發生時，向員工贈送禮品或禮金表示關懷。

⑷娛樂活動：為了豐富員工業餘生活，增加員工對公司文化的認同感，公司根據員工建議不定期地組織各種娛樂、文體、郊遊活動。

企業對員工的培訓有重要意義，培訓能夠增強員工對企業的歸屬感和責任感；能促進企業與員工、管理層的雙向溝通，增強企業的向心力和凝聚力；提高員工綜合素質、生產效率及服務水準；還能提高企業人才的競爭力，有利於企業保持生命力。

培訓是企業對未來的投資，這部份的人力成本是不可以省的。

3 企業人力成本的屬性

企業人力成本的屬性，可分為變動成本和固定成本。

一、固定成本

很多人說招聘專員和培訓專員是兩個崗位，實際上，當公司的招聘工作量不是特別大，內部培訓也主要限於新進員工入職培訓時，就可以把這兩個職位合併成為一個崗位的職責。崗位與職責之間是一個辯證關係，崗位和職責不是固定不變的。但是隨著培訓次數的增加、品質要求的提高以及課程的增加，為了改善內部的管理和服務，原來合二為一的兩個崗位又可能要分開，增加一些新的崗位和職責，但基本上它們不會隨著產量或者服務的增加而同步增加。

在整個人力成本當中，有一個概念很重要，那就是固定的人力成本。固定人力成本是指不因增加產品或服務而直接增加的那部份成本。例如，某公司有 1000 人，總經理的年薪是 50 萬元，若員工增加到了 1500 人，總經理的薪資也不會相應地乘以係數 1.5 或者 1.2，總經理的年薪和員工的人數沒有直接的關聯性。

1. 基本固定人力成本

高管人員、主要職能負責人、固定崗位等，如總經理、人力資源經理、財務主管、門衛、綠化工等，發生在他們身上的人力成本，稱為固定人力成本。

如一個公司有幾個門，每個門由一個人看守或採取三班倒政策，這也不會因為企業產量的變動而增加或減少一個保安和門衛；綠化工的多少取決於綠化面積的多少，也不由該公司的產品產量和服務決定。

2. 相對固定人力成本

加強內部職能或者內部服務而增加的人員，如市場調研專員、培訓師、品質分析員、ISO 專員等，發生在他們身上的人力成本，稱為相對固定人力成本。

公司規模小的時候，可能有多個崗位或多項職責集中在一個人身上，公司規模大了，就會相應地增加專門人員。

二、變動成本

變動成本與固定成本相反，是指那些成本的總發生額在相關範圍內隨著業務量的變動而呈線性變動的成本。人工費和材料費都是典型的變動成本，在一定期間內它們的發生總額隨著業務量的增減而成正比例變動，但單位產品的耗費則保持不變。變動成本可分為直接變動和間接變動。

1. 直接變動

直接變動主要是以工時或者是以工作量為主要計量的崗位人員，它毫無疑問是會直接變動的。直接變動是以工作多少個小時、生產多少件或服務多少個人為單位的，這些因素會直接隨著產品或者是服務的增加而增加。

例如一些五星級旅館中，設有大客戶經理，一個大客戶經理同時可能跟進的大客戶有若干個，隨著大客戶數量的增加，旅館就不得不去增加大客戶經理，這樣的變動是很直接的。與客戶直接接觸的生產操作人員也是直接透過計量或者計時來計算他們的業績的，例如餐廳的服務員，一個服務員負責幾張桌台、幾個包廂，這些都是定量的，假如一個服務員負責 5 個包廂，那麼當有 10 個包廂的時候，就要增加一名服務員。

建築工人、礦工、導購員，都是每人分管特定的某一個區域，倘若一個 10000 平方米的商場，就兩個導購員跑來跑去，是不可能的，他們都屬於直接變動的人員。

2. 間接變動

間接變動是隨著直接變動而必須增加的人員，如三班制的班長、制程檢驗員等。若以前是兩班制，現在調整為三班倒，那麼晚上也得增加一個班長或增加一個主管，增加人員就會增加相對應的崗位。

以前制程檢驗是由兩個人負責，為了加強過程的品質控制，現在增加到了五個，如此就相應地增加了一個班長，這就屬於間接變動，不會在計算人員的時候直接計算出來。

4 企業人力成本的有效性

人力成本的有效性是指人力成本的投入是否能夠直接產生增值的效果，在一個企業裏，有效人力成本和無效人力成本是同時存在的。

一、無效人力成本

有些人力成本是無效的。無效的成本包括什麼呢？其實這個成本也是指人力成本，不是指其他的製造成本。無效人力成本是指不能為產品或者服務增值的人力成本，即使花了這個錢，也不會提高產品的產量，亦不會提高服務品質。那麼它與那些因素有必然關聯呢？

1. 不需要的職位或工作內容重覆的人員

一些公司內部存在不需要的職位或工作內容重覆的人員，這樣的人員是不少的，這現象在公營單位尤其明顯。某些職位實際上對企業的績效來說，沒有什麼作用甚至有不良影響，但是因為上級單位要求一定要增設這個部門，如果沒這個部門，檢查就通不過，所以不得不設。

2. 需要但工作量不飽和的多餘人員

有很多崗位上員工的工作量是不飽和的，例如以前有的崗位的名稱叫做微機，即專職打字員，此崗位上的人一天到晚只有打字的工作，但一個公司一天不可能有打不完的字，況且也不是天天都需要打字。特別是隨著電腦的普及，大家都會打字了，有些打字員就沒活幹了，很清閒，這就是工作量不飽和的情況。

3. 人力成本的投入與績效比較低的人員

在薪酬設計理論中，固有價值，就是一個崗位上要用到的人，他是一個固有價值，固有價值取決於那些呢？取決於他的學歷，他的工作經驗，他曾經擔任的職務，這是固有價值；第二個是崗位價值，就是做什麼崗位；第三個才是績效價值，也就是指是否有必要非得請一個博士來當秘書。

這也是人力資源現狀與需求的一種背離，招工人招不到，招經理一大把，說明企業組織結構需要大大改善。

4. 遣散費用、招聘費用、工傷費用

無效成本是企業花的冤枉錢，對產品或服務增值不起任何作用。無效成本在企業中是很嚴重的，如遣散費用，員工做了幾年，

企業要解僱他或者他要離職，就可能要給他補償，這無疑是一筆無效成本。

遣散費用、招聘費用是無效成本，工傷費用也是無效成本，任何企業都不可能消除無效成本，只能最大限度地控制它。

遣散費用、招聘費用是無效成本，工傷費用也是無效成本，任何企業都不可能消除無效成本，只能最大限度地控制它。如工傷費用可根據「不符合入院條件和標準發生的住院醫療費用、符合出院條件未辦理出院手續發生的醫療費用」等 11 種費用工傷保險基金不予報銷法則，儘量減少工傷費用這類無效成本的消耗。

二、有效成本

有效成本是與無效成本對立的人力成本。把人力成本放在有效的方面，它就會為產品或者服務增值，有人說加班費也是無效的，這種說法是錯誤的。加班意味多做了事，但如果沒工作，在公司上網做私人事情，卻當成加班，那當然是無效的。正常加班費的產生，就意味著員工為企業多做貢獻了，應該是有效成本。

某公司針對加班制定出了以下規章制度。公司由於生產經營需要，可以安排延長工作時間；如有特殊情況需長期延長工作時間時，可與工會或員工協商後作出相應的加班安排，公司安排加班應支付高於員工基本薪資的薪資報酬，支付標準如下：

延長工作時間，百分之一百五十的基本薪資；

休息日工作，百分之二百的基本薪資；

法定節假日工作，百分之三百的基本薪資；

加班可支付加班薪資或根據部門主管的安排以補休代替。

對於生產線員工倒夜班，公司給予夜班補貼。

三、人力成本率

某品牌服裝公司今年第一季營業收入增加了 29%，淨利潤增長了 36%，但公司的管理費用卻因職工薪酬費用增加等因素較上年同期增長了 61.66%，公司 2011 年 1～3 月份管理費用為 4673.95 萬元，比上年同期的 2891.37 萬元多了 1782.58 萬元。

該公司表示，管理費用增長主要原因有三個：⑴人員編制增加，市場薪酬水準提高，職工薪酬費用相應增加；⑵公司加大產品研發投入，研究開發費較上年同期大幅增長；⑶公司實行股票期權激勵計劃，較上年同期計提了較多的股票期權費。

紡織企業作為勞動密集型產業，人力成本影響卻不能一概而論。首先，低附加值、以量取勝的企業，人力成本上漲將嚴重制約企業發展，但是那些生產精加工產品、技術含量高、有一定品牌知名度的服裝企業受到影響將相對較小。與此同時，該公司由於實行股票期權激勵計劃而較上年同期計提了較多的股票期權費，第一季計提了 400 多萬元費用，預計全年計提 1000 萬～2000 萬元，11 年提完，這同樣造成了管理費用的增加。

人力成本率，是指人力成本的總額，所佔銷售額的比例。整個產品的成本包括製造成本、管理費用、銷售費用和財務費用四個部份。

第一，製造成本，是指生產單位為生產產品或提供勞務而支付的各項生產費用，包括各項直接支出和製造費用。

⑴直接支出包括直接材料(原材料、輔助材料、備品備件、燃料及動力等)的支出、直接薪資(生產人員的薪資、補貼)和其他直接支出(如福利費)。

⑵製造費用是指企業內的分廠、工廠為組織和管理生產所發生的各項費用，包括分廠、工廠管理人員薪資、折舊費、維修費、修理費及其他製造費用(辦公費、差旅費、勞保費等)。製造費用一般是間接計入成本，當製造費用產生時一般無法直接判定它所歸屬的成本計算對象，因而不能直接計入所生產的產品成本中去，而需按費用發生的地點先行歸集，月終時再採用一定的方法在各成本計算對象間進行分配，計入各成本計算對象的成本中。

第二，管理費用，是成本和費用的概念，即企業行政管理部門為組織和管理生產經營活動而產生的各項費用。管理費用屬於期間費用，在發生的當期就計入當期的損益，具體包括的項目有：企業的董事會和行政管理部門在企業的經營管理中產生的，或者應當由企業統一負擔的公司經費、工會經費、待業保險費、保險費、董事會費、聘請仲介機構費、諮詢費(含顧問費)、訴訟費等。

第三，銷售費用，指企業在銷售產品、自製半成品和提供勞務等過程中發生的費用，包括由企業負擔的包裝費、運輸費、廣告費、裝卸費、保險費、委託代銷手續費、展覽費、租賃費(不含融資租賃費)和銷售服務費、銷售部門人員薪資、職工福利費、差旅費、辦公費、折舊費、修理費、物料消耗、低值易耗品攤銷以及其他經費等。

第四，財務費用，指企業在生產經營過程中為籌集資金而發生的各項費用。包括企業生產經營期間的利息支出(減利息收入)、匯兌淨損失(有的企業如商品流通企業、保險企業要進行單獨核算,不包括在財務費用範圍內)、金融機構手續費,以及籌資產生的其他財務費用如債券印刷費、國外借款擔保費等。

做人力成本分析與做財務部門的分析還是有區別的,人力成本當然也包括一線的直接人工,但在財務計算方式中,就會把它直接劃分到製造成本裏。

人力成本率＝人力成本總額÷銷售額×100%

什麼是人力成本的有效率?就是指有效的人力成本佔企業全部成本的比例。這個比例對於分析判斷是非常有用的。如果企業的人力成本花了 100 萬元,有效成本不可能是 100 萬元,也不可能是零,透過對逐年數據的分析比較,跟同行業比較,就可以從數據上得出結論。假如在任五年,即可將五年來的人力成本進行計算,就可知道有效率是增加了還是降低了。

心得欄

5 企業要提高用人成本意識

一、區別編制人員與必要人員

日本是如何因應降低企業人力成本呢？計劃正確的用人費管理是很有必要的，要把必要人員的管理重新研訂，使之能因應經濟成長減速時代。

以依景氣不景氣而變化的生產量之平均來僱用編制人員，但要稍加抑低。而且比平均生產量稍低的地方來僱人，並在這一部份的僱用上採取維持終身僱用的方針。

要達成此目標，必要人員管理計劃要充分。那麼究竟何謂必要人員管理？一般來講，所謂「編制人員」是指設備、生產能力、工作的質與量均在某一定標準的時候，此時所需的適當人員數。

與之相對，所謂「必要人員」其解釋則較廣，是指包括上述條件發生變化時的情形在內的達成企業戰略目標所需的人員。所以編制人員管理是在一定的靜止條件之下來決定的人員員額，而必要人員管理是在變化的條件中決定的動態目標人員員額，兩者之間有此差異。另外，尚有「實行必要人員」的名詞，這表示，例如為達成將來 5 年後的目標，在第 1 年的必要人員是幾個人，第 2 年是幾個人等這種努力的目標。

二、提高用人成本意識

現在若要僱用一個人，所需要的終生薪資，大學畢業者 18000 萬日圓，高中畢業為 17000 萬日圓。但是這是以現在的價格來講的，如果持續有 6%左右的升薪率，則需要這個金額的數倍。因此我們必須注意到現在錄用一個員工，跟作了龐大的設備投資是同樣的負擔。

為此，為了提高成本意識，某纖維製造廠將企業的會計上列記的一般用人費之外，更將員工座位的折舊費、電費等無形的用人費也加以計算，發現需有相當於一般薪資的 3 倍之成本。

雖然並不是要想得那麼嚴格，但假定會計上用人費平均一個人是年 300 萬日圓時，上班日數以 250 天計算則平均一天是 12000 日圓。那麼一天的工作時間為 7 小時，每小時平均為 1700 日圓，10 分鐘的成本是 290 日圓。最低我們須有這一個程度的成本意識。

三、為何過剩人員會增加

在日本企業的工作場所的每一角落都存在有如果放置的話就會增加過剩人員的因素，現在將之一一列記如下：

1. 對用人成本的觀念薄弱

過去日本是中級薪資國，所以缺乏僱人就需要支付相對的金錢的觀念，導致必要人員管理鬆懈。

2. 終身僱用制所帶來的影響

在日本的企業存在有一旦就職於該企業，到退休止不辭職，也不能解僱的所謂終身僱用制的習慣。這一制度使得企業無法視業績來調整人員。

3. 未確立有關人、物、錢的直線主管權限

這是日本的企業在直線權限方面的缺陷。不像歐美的企業，人、物、錢的權限集中於直線的部經理、課長。

在日本的部經理、課長，尤其關於人方面的權限，是掌握在人事部門，由人事部門將錄用的人員分配給各主管。因而人員與成本連結在一起的觀念愈為薄弱。

4. 職位與身份未能分離

在日本由於有年功序列的習慣，到接近 40 歲就認為「應該要升為課長」而根據年資升遷。這就是所謂職位化為身份的趨勢，這是引起幹部過剩的原因。這也是像部長(經理)→次長(副理)→課長→副課長、代理課長→股長→主任這樣直線系列重迭，變成很複雜的原因。

5. 人員多就是部經理課長的權威之想法

在日本，對於因工作或職務而配屬所需人員的觀念不如部或課的人數愈多表示該部門愈重要而且有權威的觀念來得強，同時認為這是足以誇耀的，有這種趨勢。

因此若以堆積方式，任由各部門提出各部課的需要人員數時，一定是灌水的數字，因而匯總起來就變成很大的虛列人數。

6. 對管理間接部門的方針不清楚

歐美的企業是根據管理、間接部門盡可能要縮小的想法，將研

究部門儘量集中在總公司，工廠則只專門從事生產，因而管理、間接部門人員非常之少。

但在日本則對於管理、間接部門的想法很模糊。加以管理、間接部門工作量無法把握，或由於方針的變化，使作法有無數變化，所以有人員徒增的趨勢。

7. 職位調查、分析不充分

尤其在美國，職位分析很發達，要採用人員時，已經分析出何種職務，需有何種能力及資格的要多少人。

與之相對的，在日本則職位分析不夠清楚的情形下，以抬轎子式的集團主義來經營，所以組織膨脹的可能性很大。

8. 強制性合理化

日本的技術革新主要是從海外導入的，所以雖然在極不容易的情況下引進了機械設備，但對人員的精銳化有足夠的貢獻者很少。例如電腦的引進等是強制性合理化的典型例子。宣傳說如果採用電腦可以減少多少多少人，事實上能實現的例子太少了。

9. 組織原則不徹底

在美國，根據許多機構的調查或公司的經驗，對組織的想法有徹底的認識。例如在 NICB(National Industrial Conference Board 全美產業會議)列舉有專業化原則，部門化原則，指揮系統化原則，權責明確化原則，權限與義務相對原則，授權原則，階層縮小原則，管理範圍適當化原則，命令系統統一原則等。其中階層縮小原則或管理範圍適當化原則等可說與組織精銳化有直接關聯。然而在日本的企業，擁有明確的組織原則的企業是少之又少。

6 驚人的人力成本

平均一個人的用人費：20 年增加 10 倍。現在讓我們來回顧一下，在日本企業界，平均一個人的用人費的變遷。

從該表可以看出高度成長開始的 1955 年，大企業為 29 萬日圓，中小企業為 18 萬日圓，其後由於經濟成長而顯著上升，到 1965 年超過了 2 倍。到 1976 年時大企業更上升到 325 萬日圓，中小企業為 222 萬日圓；與 1955 年比較，竟增加約 11 倍到 12 倍。但是由該表可知，用人費的上升，有期間性的大波動。

表 6-1 平均一個人用人費的變遷

年或年度	大企業	中小企業
	萬日圓	萬日圓
1955 年	29(100)	18(100)
1956	31(107)	19(106)
1957	34(117)	20(111)
1958	35(121)	20(111)
1959	37(128)	21(117)
1960 年度	43(148)	23(127)
1961	46(159)	27(150)
1962	49(169)	30(167)
1963	54(186)	32(178)
1964	58(200)	36(200)

續表

1965	66(228)	41(228)
1966	74(255)	44(244)
1967	84(290)	49(272)
1968	94(324)	58(322)
1969	109(376)	66(367)
1970	129(445)	78(433)
1971	145(500)	91(506)
1972	167(576)	102(567)
1973	209(721)	125(694)
1974	266(917)	158(878)
1975	275(948)	199(1106)
1976	325(1121)	222(1233)

註：大企業：資本金 10 億日圓以上的企業；

中小企業：資本金 1000 萬日圓以上，5000 萬日圓以下的企業。

這種波動是因何而引起的呢？這正像航行於大海的船隻，由於風向或波浪的關係而有順或不順一樣地，用人費也會因各種因素，而發生上升趨勢的變化。

7 用人費的經營效率

如何才能避免這種問題發生？要訣之一是提早而且有計劃的設法防止，用人費由於其特性的關係，即使有問題也無法立即加以改善，而以中程性地解決者比較多。因此需要提早分析將要發生的事態性質、問題點等訂定計劃及對策。

尤其在勞務問題或薪資問題上最需要注意的是不要焦急。也就是說，這是有關人的問題而不是物的問題，所以要充分尊重對方的立場及心態。因此，心態上不要焦急，而要以充分的時間來處理。

第二是要累積日常的努力。怠工或罷工等，探究其發生的原因時，大部份是由人際關係的糾紛引起的。但是，人際關係並非一朝一夕就可以改善，而需要蓄存日常細小的努力。也就是不斷地與員工溝通，聽取其想法或不滿，如有糾紛時要細心設法解決。

並且，要時常明確地訂定經營計劃或用人費計劃，致力於收益性之貫徹作為推行這些措施之前題。

一、經營效率的方法

生產力就是所投入生產要素平均每一單位的產出量。因此，可計算出原材料生產力、土地生產力、資本生產力，或工作生產力等種種生產力。同時也可以匯總起來作為總合生產力指標。

就用人費的關係上來講，最須重視的是這個工作生產力指標。以公式表示，則為：

工作生產力＝生產量÷員工人數

以企業經營的業績面來講，實際所銷售的營業額較生產量要重要得多。所以：

工作生產力＝營業額÷員工人數

這個指標較為重要。

又在多種少量生產或實行多角化經營的現在不以量而以換算成金額的營業額來測定工作生產力的必要性很大。

在此要特別闡明的是，工作生產力僅意味著員工平均一個人的經濟水準，而不一定是員工的貢獻度。

例如，假定原來 6 個人在搬運的物品，由於引進堆高機而僅一人即可搬運。這時工作生產力一下提高了 6 倍，但是任何人都知道，此並非由於員工的每小時勞動密度的提高使然，而決定性要因是在於引進堆高機，因此以勞動而言說不定反而輕鬆。另一方面就經營上來講，因為引進了堆高機而資本成本負擔增加。

這種現象，稱之為因勞動裝備率的上升而提高了生產力。即，工作生產力可分解為：

工作生產力＝(附加價值÷有形固定資產)×

(有形固定資產÷勞動者數)

＝有形固定資產效率×勞動裝備率

其中有形固定資產效率，是指一定量的固定資產所產生的附加價值。但是此項數字的提高在技術上有其界限。

工作生產力的提高，可以說是靠每一勞動者的有形固定資產量，即勞動裝備率的提高。事實上，今日提高工作生產力是由機械設備的開發、導入而達成的多。這一點是不可忽略的。

人是以一個人一個人來計算的，而我們要注意的是「1」這個數字。「1」雖然仍是 1，以日本為例，但關於人的成本即薪資現在則是 5 年前的 2.3 倍，與 10 年比較則是 4.6 倍。

所以，反過來說，現在平均一個人的薪資在 5 年前可以僱用 2.3 人，10 年前可僱用 4.6 人。換句話說，如果以瞭解人的效率之目的，而測定工作生產力時，我們必須以用人費來作比較，即以：

工作生產力＝營業額÷(員工人數×平均 1 個人的用人費)

＝營業額÷用人費總額

＝1÷營業額對用人費比率

或，

工作生產力＝附加價值÷(員工人數×平均 1 個人的用人費)

＝附加價值÷用人費總額

＝1÷勞動分配率

這樣來掌握較為妥當。

由此可以知道，要探究工作生產力時，這些公式最右邊的營業額對用人費的比率與勞動分配率佔有很重要的地位。換句話說，只要該兩項比率維持安定，即可判斷營業額或附加價值的增加，可彌補用人費總額的上升。

因此，營業額對用人費比率及勞動分配率是判斷企業用人費是否正確的關鍵，是對這些數字作縱與橫的比較最便捷的分析方法。所謂縱的比較就是統計學上所謂時間序列比較，列出自己公司的數字，看看隨著時間的經過，營業額對用人費的比率或勞動分配率有何變化，也就是用人費比率或勞動分配率如果有增大的趨勢則要加以注意。如果是降低或持平則是安全的。

二、比較變異情況

表 7-1 是關於這兩項指標在 1970 年以後，日本大企業與中小企業的變遷，從該表可以瞭解 1975 年為止每年有上升的趨勢。

表 7-1 用人費比率與勞動分配率的變遷

	大企業		中小企業	
	營業額對用人費比率	勞動分配率	營業額對用人費比率	勞動分配率
1970 年度	11.3%	51.0%	14.8%	59.1%
1971	12.2	56.9	16.0	62.8
1972	12.4	56.0	16.8	63.0
1973	12.2	52.4	14.8	55.1
1974	12.4	59.2	16.0	58.5
1975	12.7	69.4	18.6	57.7
1976	12.2	64.0	17.6	75.8

其次是橫的比較。這是統計學上所說的橫斷比較。

現在假定自己公司與其他同業 12 家公司作比較，結果如表 7-2 所示。作此比較的話，馬上可以判斷出自己公司的營業額對用人費比率或勞動分配率比較高。

表 7-2　勞動分配率的橫斷比較

公司名稱	營業額對用人費的比率	勞動分配率
A	11.3%	52.1%
B	15.2	56.5
C	9.8	45.7
D	16.8	58.0
E	10.0	49.4
F	10.5	53.1
G	9.7	51.6
H	14.6	54.4
I	17.3	58.2
J	8.0	41.1
K	8.8	46.7
L	8.5	47.7
12 家公司平均	11.7%	51.2%
自己公司	15.6%	56.9%

當然，在此需要注意的是，該兩比率在各產業間有極大的差異。以產業別來看勞動分配率水準時，有的在 60～70%，而低的則僅有 30～40%左右。

這種差異是決定於該產業為需要人手的勞動密集產業抑或以機械或裝置為主的裝置產業而有不同。所以要比較勞動分配率時，先要弄清楚各種產業間的差異以後，再按同一營業範疇來加以整理並作比較為宜。

那麼，營業額對用人費比率與勞動分配率之中，特別重要的是勞動分配率。因為營業額對用人費比率的分母營業額金額龐大，所以僅僅 1%程度的變化，就會使用人費發生很大的變化。

例如，年營業額 200 億日圓的企業，假使營業額對用人費比率有 1%的變化時，用人費就要發生 2 億日圓的變化。

所以我們必須以正確用人費的觀點，以附加價值及勞動分配率為基準來作分析。

三、用人費分析的具體作法

我們現在具體地來加以討論。

關於用人費與經營計劃兩者的關係，加以說明如下。

①根據要擁有一定的僱用量之構想

這是，譬如有 1000 名員工而要維持這 1000 人的用人費，要計算出應有多少附加價值及應該要達成多少營業額？

茲將其結論以公式來表示，則為：

平均一個人用人費×員工人數×(1÷勞動分配率)

×(1÷附加價值率)＝必要達成之營業額

如將之以企業規模來看的話，可用下列基本式來表示：

大企業＝平均一個人用人費×員工人數×2.14×3.79

＝必要達成之營業額

中小企業＝平均一個人用人費×員工人數×1.73×3.94

＝必要達成之營業額

註：此一數字是以日銀「經營分析」(製造業)之 1970 年到 1974 年視為

經營安定時期的實績為參考予以計數。平均勞動分配率大企業為 46.8%，中小企業為 57.7%。又，平均附加價值率在同一期間，大企業為 26.4%，中小企業 25.4%，而將這些的逆數代入該式的。

若有從業員 1000 人，平均 1 個人年用人費為 300 萬日圓的企業時，將之代入該式則為：

300 萬日圓×1000 人×2.14×3.79＝243.3 億日圓

即，年營業額需要有 243 億日圓。

這種想法是在高度成長下增強起來的，而事實上也因為這種想法順利地擴大了附加價值或營業額，因而生根了下來。

茲將此戰略歸納起來講，則變成要繼續實行下列目標。

附加價值增加率＞用人費總額增加率

營業額增加率＞用人費總額增加率

同時，從此觀點可以對員工明示一定的目標。

大企業是：

項目		用人費的倍數	現金給與的倍數
平均一個人營業額	2662 萬日圓	8.19 倍	16.40 倍
平均一個人附加價值	508 萬日圓		3.15 倍
平均一個人純利益	78 萬日圓	1.56 倍	
平均一個人用人費	325 萬日圓	0.24 倍	0.48 倍

中小企業是：

項目		用人費的倍數	現金給與的倍數
平均一個人營業額	1260 萬日圓	5.68 倍	11.35 倍
平均一個人附加價值	293 萬日圓	1.32 倍	2.64 倍
平均一個人純利益	31 萬日圓		
平均一個人用人費	222 萬日圓	0.14 倍	0.28 倍

這表示，在大企業要有用人費 8 倍，在中小企業需有 5 倍的營業額，否則無法維持。

又，這在員工的直接感受來講，對於自己能獲得的現金給與(含獎金)，在大企業需有 16 倍，在中小企業需有 11 倍的營業額。同時對於附加價值或純利益也同樣地可以設定用人費或薪資的目標值。

②從成本的合算範圍來管理的方法

這個想法是，在企業經營上合算的成本範圍內，求出正確的用人費。根據此方法則正好與①相反，由企業的目標收益率所計算出來的成本範圍，逆算出能夠支付得了的用人費或員工人數。

也就是可由下式算出：

容許僱用人員數＝有可能實現的營業額×附加價值率×正確勞動分配率÷平均一個人用人費

如按企業規模別來看則變成下列基本式。

大企業…………

容許僱用人員數＝有可能實現的營業額×26.4%×46.8%÷平均一個人用人費

中小企業…………

容許僱用人員數＝有可能實現的營業額×25.4%×57.7%

÷平均一個人用人費

現在以年營業額 243 億日圓，平均一個人用人費年 300 萬日圓的企業為例來計算時。則為：

容許僱用人員數＝243 億日員×26.4%×46.8%÷300 萬日圓

＝1000 人

在經濟成長減速下，可以說這種型式的經營計劃已變成基本。問題是，第①方式所計算的結果與第②方式所計算的結果有差異的時候怎麼辦？也就是要維持僱用 1000 名員工需有營業額 243 億的業績，而實際上業纜未能達到的時候，則不得不以下列方式來作調整。

· 壓抑用人費的增大或予以削減。

· 控制員工的增加或加以截員。

· 兩者都予執行。

當然，像這種時候，用人費方面仍需以時間外勞動的限制或獎金等福利待遇的抑制為優先，而在人員方面則應考慮先行暫停錄用或採取解除臨時工的契約等措施，這是必要的。

8 如何設定必要人員的方式

必要人員的設定可分為下列兩種方式：

①局部性方式，即累積方式。

②整體性方式。

其中局部性方式乃是所謂「累積方式」。例如就每一工作場所在機械設備上所需編制人員人數，或對各作業需投入幾小時勞動，詳細地累積起來計算。

在條件不變的時候要算出精細的適當人員數時，這是一種最好的方法，也是最容易使人接受的方法。

其次是依據整體性方式的適當人員計算。這是根據公司做為目標之利益或營業額來計算，而求出合算的人員數者。

這兩種方法當然要相輔相成，但局部性方式往往由於各部門的本位主義，累積的結果其數字變成有灌水的現象。

同時，在做精細調查之中，因條件發生了變化，也會因而產生無法因應繼續不斷變動的現實的問題。

整體性方式則相對地在於反映經營的決策，並在合算的界限內之前題下來決定必要人員的戰略目標，這是這一方式的長處。但是也有過於概略性而無法滿足各部門的要求之缺點。

可是，在必要人員的管理上，目前將要成為主流的是整體性的方式。理由是與其列出許多理由，不如明示單純化了的一般性目標，讓所有人員來努力推動，這才符合不斷變動的經營實態。

例如向各部門事先宣佈必要人員的「自然淘汰不補充」或「停止採用新人」等簡單明瞭的基本原則，比一百個議論還要重要。

一、累積式的方法

在此，擬先就局部性的累積方式加以說明。

1. 根據職位分析及時間研究的方法

要合理地決定工作場所的必要人員，首先要分析職務的現狀。這是從確定各職位的工作之質與量開始的，也就是要從何種程度的質的工作須花多少時間來著手調查。

從這裏，我們可判斷該項工作需要高中畢業的人或大學畢業的人來擔任。同時，同樣是適合高中畢業者來做的工作。如果其工作量多到一天 24 小時都在發生的話，我們也可以瞭解必須配置 3 個人，三班輪流來做。

這種分析應按下列步驟來進行。也就是，現狀分析(業務調查或職務分析)叫職位分類(按工作的性質來區分)→工作的改善(工作設計等)→工作量分析(碼錶法、工作因素法、工作抽查法等)→乘以寬餘度、預備人員率→決定人員編制。

以上的方法可說是最正統的方法。

也就是說，人員編制是依據職務分析瞭解工作的質與量，然後針對其工作量正確配置應有之職位數。所謂職位可定義為分配給一個員工的工作。例如，現在有打字員 3 人，其職務是一樣的，但以工作量而言，是各個獨立的單元。

2. 依機械設備的配置設定人員編制法

這一方法是對一定的機械設備需要幾個人，將之累積起來的方法。例如，一台小型車床需要一個人，大型車床需要三個人，具有這種根據機器物理條件的必要人員。根據這些條件，予以累積即可。如果實行兩班制、三班制時，就必須將換班的及預備的必要人員都預算出來。也就是：

⑴基本必要人員……擔任該工作的實際必要人員。

⑵輪班必要人員……為了讓輪班制的員工在規定休假日能夠休息所需要的人員數。如果四週給四天的休假，則為基本必要人員之六分之一，也就是佔約 16%。

⑶預備人員……員工因為特別休假或因病而請假時，所必要的替補的人員，也就是：

預備人員＝(實際要人員+輪班必要人員)×缺勤率

而缺勤率則以過去五年的實績作為標準。

⑷機動必要人員……為因應特別發生的機動性工作的必要人員。其中，⑴及⑵或⑴及⑷合計起來的人數視為必要人員數。

心得欄 ------------------------------------

3. 根據部門別總工作量來設定的方法

這是就每一工作場所所求出可預計的總工作量，而以下列方式計算者。

部門別總工作量÷(月工作量日數×1 人 1 天實際工作時間×出勤率)

=部門別直接人員數

並就全公司加以累計，而以下列方式算出必要人員。

(各部門別直接人員數+輪班、預備必要人員之合計)=直接人員總數 (1)

直接人員總數×間接人員比率=間接人員數 (2)

現場人員數(1)+(2)×管理間接部門人員比率=管理間接部門人員數 (3)

必要人員=(1)+(2)+(3)

二、整體性方式的觀點

依據整體性方式的用人費管理，至少需要有下列三個觀點：

(1)明示由合算界限所計算的適當人員額度。

(2)明示有關管理、監督者數的營運基準。

(3)明示、直接、間接人員比率的標準。

最普通的方法是設定「合算必要人員」名額，具體地講是由目標營業額、目標附加價值、營業額用人費比率、勞動分配率等求出適當人員數。直截了當地講，則是

3 年或 5 年後的合算總用人費預算÷3 年或 5 年後平均 1 個人用人費

=合算必要人員數 (1)

而合算用人費預算則是以目標營業額為依據計算出來的。也就是：

3 年或 5 年後目標營業額×正確附加價值率×正確勞動分配率

=合算的用人費總額

這是以企業的立場來看的「應有的必要人員數」，但能否達成就要以下列計算式來探討。

目標年度的必要人員=3 年或 5 年後目標營業額÷[營業額工作生產力

(1+工作生產力上升率)] (2)

此(1)及(2)兩式應該要調和的，於是如果(1)=(2)時，則變成下式：

目標年度合算總用人費預算÷目標年度平均 1 個人用人費

(合算的必要人員數…(1)式)

=目標年度營業額÷[營業額工作生產力(1+工作生產力上升率)

(必要人員數…(2))]

目標年度合算的總用人費預算

=目標年度平均 1 個人用人費×必要人員÷(1+工作生產力上升率)

因此我們可以瞭解如果依據(2)式的人員超過(1)式所求出的人員數時，則要抑壓平均一個人用人費上升率或控制必要人員的增加，不然的話就要提高工作生產力等來求其平衡。

以上是根據目標設定來算出必要人員的正統方法。鼓勵大家儘量能使用這種方法，但實際情形不一定能如願。

有時候會發生並無充分的準備或計劃，不得不直截了當地因應的情況，這時可當做參考的第一種方法是「檢討缺點方式」。這是不管怎樣先把現在所發生的問題列表，並從工作方面及人的方面加以檢討，乾淨俐落地排除浪費的方法。可說是一種缺陷切除方式。例如，將加班量一律減少 10%，或一律刪減人員增加的要求 5%等方法來解決。

第二是「横斷的或時間系列的比較方式」。例如與同業同規模的其他公司情況相比較，以此毫不加考慮地抓住問題點以後，抑低到他公司的水準。或回顧自己公司過去的變遷，以時間系列地加以分析。這也是不必經過過多的討論而找出矛盾的很好方法。例如，營業額用人費比率逐年增加時誰都會感覺到有問題在發生。

9 起薪管理是用人費管理的最起點

一、起薪太高

無論任何事起步是很重要的。薪資也是一樣，妥善地管理起薪是薪資管理的起點。

以日本為例，現在的起薪已經相當的高了。也就是，大學畢業男性已超過 10 萬日圓，專科畢業男性差不多是 10 萬日圓，高中畢業男性是 9 萬日圓左右。

薪給水準之上升雖然是時代的趨勢，但起薪似乎已經高了。

例如：從生計費的觀點來探討。

表 9-1 顯示，18 或 22 歲單身的生計費是月六萬日圓強。但到 32 歲左右的中堅層其生計費則為月 18 萬日圓，上升約三倍，但薪資則僅增加兩倍。也就是生計費增加三倍而薪資則僅增加兩倍的不

平衡狀態。

將此關係以(薪資-生計費)×100 的算式計算出生活寬裕度的就是表 9-1 右欄。由此可瞭解單身者的寬裕度約有 30%，而愈到中高年齡層愈少，32 歲左右時僅為約 3%，其寬裕度減少很多。

表 9-1　家庭主人年齡別生活寬裕度的試算

家庭人數	家庭主人平均年齡	生計費(a)(東京都)	薪資(b)	生活(b-a)÷b×100 寬裕度
1人	20歲	65000日圓	97756日圓	33.5%
2人	27	116500	143959	19.1
3人	29	155780	163735	4.9
4人	32	182730	188763	3.2
5人	40	199890	250337	20.2

所以經營者團體的日經連於 1978 年 1 月協商「暫時凍結起薪的調升」。該協議的主旨是，新畢業人員的起薪訂為低於前一年一般水準，服務 1 年以後，始能提高基本薪資。結果凍結該年 3 月畢業人員起薪的企業高達 20%。即五家就有一家。

二、起薪政策的大轉變

「如不提高起薪就找不到優秀人才」這種競相提高起薪的時期已經過去，現在起薪政策的一大轉變即將開始。

以日本為例，其顯著的趨勢是於 1975 年以後出現。首先是在基本薪資提高之前，將預計起薪在於求人時提出於職業介紹所或學校的企業比率開始大幅減少。自 1970 年到 1972 年，約有 40%的企業提示「高於現行起薪作為求人薪資」，但到 1973 年則變成 20%左右，而最近則減少到 15%。

但，代之提示現行起薪作為求人薪資的企業大幅增加，而視基本薪資調高的結果決定了起薪或與考慮在職現任人員的平衡而決定起薪的企業比率上已顯著增加。

其次，可舉出的是起薪上升率開始低於基本薪資調高率。也就是從起薪上升達到最高峰的 1969 年到 1973 年四年來看，根據日經連的調查，一般員工的薪資上升率年平均為 17.2%，而與之相對的起薪上升率則初中畢(男)年平均 18.5%，高中畢(男)為 17.5%。但 1975 年到 1977 年時，一般員工的薪資上升率年平均為 10.2%，而起薪上升率則降為初中畢(男)平均 7.5%，高中畢(男)為 7.9%。

第三是，開始發生了「預計起薪」較「決定起薪」為低的趨勢。所謂預計起薪是指約定明年你到我公司就職時將付多少起薪。而此數是將之予以統計者。

一方面，實際上於 4 月 1 日以後，進入公司時所支付的薪資謂之決定起薪，此種起薪往往是加上春季薪資調整結果等因素所決定。在經濟高度成長期，「決定起薪」的成長一直超過預計起薪的成長。這可以說是看到同職業介紹機構及學校所提出的其他公司之求人薪資，而想要超過的競爭所帶來的結果。

但，近兩三年來這種現象已逆轉，而決定起薪的成長開始降低，這似在表示競爭消失，決定的態度趨於慎重使然。

如上述而言，有關起薪的政策將要蛻變，這是有其原因的。起薪是薪資體制的起點，但如果無視於實際情況而上升的話，將影響在職者之薪資整體而不容易穩定用人費。

例如將起薪訂為 100，而平均薪資為 200，相當於約 2 倍。但如欲繼續保持此差距，就需要調高基本薪資到起薪調高額的約 2 倍才行。由此可瞭解，要穩定用人費就要先「穩定起薪」。

三、調整起薪的三種方法

起薪是在薪資中最容易受市場行情影響的「市場薪資」。在景氣好時因缺少人力所以起薪會大幅度上揚；相反地不景氣時工作量減少，人員過剩，所以起薪上升率幅度會變小。如果每逢這種起薪的變動即調整員工全體的基本薪的話，想要訂立薪資穩定計劃是辦不到的。正如樹被風吹而搖擺不定一樣，薪資管理也基本無法穩定。想要避免這種問題的發生就需要下一番工夫，也就是依據下列幾種方法，斷絕起薪上升所帶來的影響，而視適當時期來作調整(參閱圖 9-1)。

圖 9-1　從用人費安定計劃來看的起薪調整方法

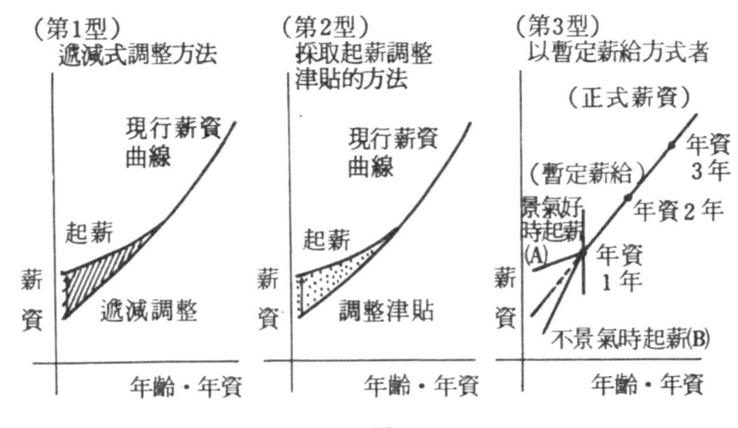

1. 遞減式調整方法

這一方法的目的是，起薪上揚後，有必要調整在職人員的薪資時，設法在某一定的年齡、年資內予以吸收掉，不讓其產生太大影響，那麼究竟要調整到那一年齡、年資之點，雖然要斟酌起薪上揚的幅度或員工離職率等，但到高離職率層要暫先予調整。

這時最簡單的方法是以定額的並將調整額慢慢變小。例如，起薪調升了 5000 日圓時，要調整到年資 10 年者為止的薪資的話；就是：

5000 日圓÷10 年＝500 日圓

所以隨著年資增加 1 年，每年減少 500 日圓的額度來調整即可。也就是：

起薪調升幅度 5000 日圓時，年資 1 年的人之薪資調整額為：

5000 日圓－500 日圓×1 年＝4500 日圓

年資 2 年的人之薪資調整額為：

5000 日圓-500 日圓×2 年＝4000 日圓

年資 3 年的人之薪資調整額為：

5000 日圓－500 日圓×3 年＝3500 日圓

年資 4 年的人薪資調整額為：

5000 日圓－500 日圓×4 年＝3000 日圓

……

年資 9 年的人之薪資調整額為：

5000 日圓－500 日圓×9 年＝500 日圓

年資 10 年的人之薪資調整額為：

5000 日圓－500 日圓×10 年＝0

2. 採取以津貼調整起薪的方法

此方法是，調升起薪時，不是基本薪而以津貼來調整。

例如，起薪 10 萬日圓者要調高 5000 日圓時，與一年前進公司的前輩的基本薪資之間，序列上恐怕發生混亂時，譬如其中之 3000 日圓左右以津貼方式來支付。這樣的話，基本薪資的秩序就能維持正常。然後每逢基本薪資調高時，按基本薪資逐漸減少的趨勢，將津貼額併入基本薪資內。

在公務員方面，也曾經設置這種起薪調整津貼的例子。在民營產業方面，對容易受到勞動市場薪資行情影響的職種，特以此方法調整來保持與市場薪資平衡，可說是一種賢明的方法。

3. 採暫定薪給方式

此方法是將起薪視為非正式的薪資，而另外加以管理的方式。也就是剛畢業的人即使嚴格地考選也無法完全瞭解其本人的職務能力，最多只能抓到其潛在能力。同時要考慮到起薪是受企業外界因素之社會行情所支配。根本對其本人進入公司以後所配屬的職務等情況均未加考慮就決定的。

況且，剛畢業的人在半年或一年，長者二三年的時間仍需加以訓練。

根據上述種種情況，把起薪認為並不是正式的薪資而做為「暫時薪給」另行管理，如圖 9-1，景氣佳起薪成長高的時候以 A 點，景氣不佳起薪成長低的時候以 B 點來決定，但若每逢調整就加以修改的話，就變成非常不自然。所以要如該圖所示暫予放置，在第二年的升薪時再予調整。然後經服務一年後再以正式薪資來決定其應有的金額。也就是，假定年資 3 年的人其薪資為 11.5 萬日圓，2

年者 11 萬日圓。1 年者 10.5 萬日圓。更假定把這些前輩的薪資的適當起薪水準定為 10 萬日圓。這時，在景氣佳時進入公司的人，其起薪超過適當水準成為 10.3 萬日圓時，將之放置不動，於第 2 年升薪時抑制於 2000 日圓，就會變成與前輩的薪資同格。

相反地，在不景氣時進入公司的人，其起薪假定為 9.8 萬日圓，那麼也同樣地不去改變，而將第 2 年的升薪額訂為 7000 日圓就可以趕上前輩的薪資。

也就是，此方法是在服務滿一年的升薪時加以加減來安定基本薪資的管理。

四、起薪的新決定方法

那麼從更基本的地方來想，因見習人員的起薪獨步高升而導致熟練勞動人員的薪資也被引導著上升，這在薪資的決定方法來講是很奇特的事情。應該是先決定構成生產或營業中樞的熟練人員薪資後，降下標準來決定起薪才是正常現象。

歐美各國是根據這種想法來決定起薪。尤其具有完整的薪資決定方法的西德，首先將 21 歲以上的熟練勞動人員的薪資依據與產業工會的團體交涉來決定。以此為基準，例如 15 歲或 18 歲的未成年薪資則以 50%或 80%的比率來決定。

這種方法顯然是合理的。所以在日本隨著低成長階段的來臨，也需要採取先固定熟練勞動人員的薪資標準，而在它的延長線上來求起薪的穩定管理的措施。

那麼應該如何做法呢？以結論來講，需要設定起薪上升的標準線，也就是以下列公式來考慮：

起薪上升率＝一般員工薪資調高率－定期升薪率

例如，一般員工的薪資調高率為 6%，定期升薪率為 2%時，4%是起薪的適當標準線。因為一般員工的升薪包含有定期升薪部份 2～3%，但起薪則並無定期升薪部份。也就是，18 歲者就是 18 歲的起薪率，22 歲就是 22 歲的起薪率，是個別的薪資。所以把起薪上升率控制在薪資調高率減去定期升薪率作為標準的話，可維持與相當於平均薪資約 35 歲的中堅勞動者的薪資差距，也可穩定薪資的差距。

並且保持這標準線的話，可說起薪是決定於前輩、後輩的基本薪資之序列上。

如果要循此理論實行的話，則需要先確定中堅勞動者或熟練勞動者的定義。但在日本這一方面的定義非常模糊。一般有下列各種的說法：

輕工業的單純作業……25 歲左右，服務 5 年。

成家的平均年齡……27 歲(男性)。

重工業的基本作業……30 歲前後，服務 8 年。

從社會、技能所認定之中堅層……35 歲左右，服務 12 年。

以此當作參考數據，來訂定熟練勞動者的定義，然而在輕工業是 25 歲左右，重工業則 30 歲左右可能為較一般的標準。

並且應將這些勞動者薪資依據生計費水準、社會行情、技能、企業支付能力等來決定，確立此類勞動者薪資的薪資政策是很重要的。為了參考起見，現在以社會性、技術性觀點所觀察 35 歲的中堅層標準勞動者(高中畢，男性)的樣本薪資，依據各統計資料來摘錄則，1977 年也就是，可說支付的薪資約為 17.8 萬日圓。

關東經協調查	196600 日圓 （500 人以上）	180855 日圓 （500 以下）	
勞動省薪資 構造統計	189600 日圓 （1000 人以上）	178700 日圓 （100～999 人）	182100 日圓 （1～99 人）
東京都勞動局 調查	176400 日圓 （100～299 人）	176700 日圓 （50～90 人）	184000 日圓 （10～49 人）
關西經協調查	192224 日圓 （1000 人以上）	195450 日圓 （300～999 人）	190344 日圓 （未達 300 人者）

10 調整底薪的關鍵方法

一、基本底薪上升的影響

底薪調高的話，加給或臨時津貼等也隨著增加，也會波及到其他各項津貼或獎金，及退休金等。對於法定福利、與非法定福利之跟薪資成比例關係者也會自動的跟進。

也就是，牽一發動全身，只要底一動，其他的項目就自然地會變動。這種體制對用人費的穩定管理是非常不理想的。因為底薪有底薪本身的決定原理，而獎金或退休金也各有其決定原理。也就是，本來應以獨立的想法來營運的各種津貼、獎金、退職金等，受底薪的牽連而機械性地膨脹，這是太缺乏合理性，若是如此就無法穩定管理用人費。

這種觀念或習慣是在高度經濟成長下，不知不覺之中所養成，但今後應以個別獨立的想法來加以運用。

在此擬更進一步探討日本企業的用人費牽連型結構。

1. 加班津貼

底薪調高時，平均每小時薪資當然要增加。而根據日本勞基法規定加班要多付 25%的加班津貼。但交通費或眷屬津貼可以不列入增加薪資基礎來計算，因而分配在交通費及眷屬津貼者對基本薪的提高則毫無影響。然而，由於交通費及眷屬津貼在薪資中所佔比率不過是 7～8%而已，從這一事實來看，加班津貼還是會與薪資調高率同比率增加的。

2. 獎金及臨時給與

獎金、臨時獎金的支給方式幾乎都是以底薪為基礎，也就是，獎金及臨時獎金支給額：

底薪×獎金及臨時獎金支給率

所以底薪調高時，只要支給率是不變，獎金、臨時獎金額也按此比率增加。

獎金與臨時獎金的支給率近年來已達到年薪的 40%這種龐大數字，而根據 1977 年日經連調查顯示一年的獎金額是基準薪資的 5.2 個月。

當然這一支給率隨著企業業績的好壞、景氣不景氣而有高低，但對於獎金、臨時獎金的約 80%則是無論景氣好或不景氣都固定地在支付。所以，調薪時，該比率的最低 80%是會引起獎金、臨時獎金的上升無誤的。

3. 退休金

日本的一次退休金，一般是以退休時的基本薪資為基礎來計算的，即：

退休金支給額＝基本薪×年資別支給率

由此，如果支給率不變的話，隨著調薪而基本薪上升時，退休金也自動增加。

當然，退休金制度近年來也有很大的修改。而以平均數來看，薪資調高額對退休金計算基礎的上升額之影響來講是約 50%的程度。但是從退休金計算基礎額佔規定薪資的約 80%來看時，可視為薪資調高率的約 40%對退休金產生影響。

4. 法定福利費

健康保險、厚生年金保險等社會保險額是，以平均薪資或把薪資大略區分為幾級後的標準月報酬額乘以一定的費率來計算的。

於是遇到各人的平均薪資調高時便直接受影響而上升，而且可認為各人的標準月報酬額大略也會與薪資的調高成比率增加。並且所乘的費率，由於最近社會保障的完善，只有隨同上升之一途。

所以企業要負擔的福利費可認為是會與薪資調高率作同率或超過此比率的程度增加者。

5. 法定外福利費

公司宿舍的營運、交通費的支給、交通車的行駛、餐廳的經營等，企業任意實施的法定外福利設施及制度種類繁多。有的業界甚至經營產房、殯儀館及寺廟等。

但這些經費即使有調薪也不一定以同比率上升。因為法定外福利的本來就是可以由企業的自由意志來新設或改廢的。但如果詳加檢討時，可發現相當於這些法定外福利費的平均約三分之一是屬於用人費。這三分之一的費用是服務於公司宿舍、餐廳福利社或招待所之管理人員的薪資，或醫院診療所的醫生、護士之薪資，這些用人費會與一般員工的調薪作同比率的上升。

因此，用人費以外的經費即使完全沒有變動，法定外福利費也會以薪資上升的三分之一比率增加。

而且，由於用人費以外的物價近來也大幅上漲，所以除非予以合理化，否則法定外福利費也會與薪資上升作同比率的上升。

總而言之，幾乎所有用人費的項目都會與薪資調高作平行性的增高。而將這一牽連式的，一牽即全動的結構予以切斷，是在低成長下用人費安定管理上的重點。

二、使獎金與基本薪資脫離關係

日本的獎金、臨時獎金在 1955 年代初期是年 2 個月或 3 個月，但在 1965 年代則變成 4 個月，而到 1975 年代大致安定於 5 個月。像這樣，一年支給 5 個月獎金的只有日本，但是我們必須加以研究如何來活用，使用人費計劃更具彈性。

然而，本來應隨著業績的變動而增減的獎金、臨時獎金制度，由於高成長下的隨性而逐漸僵化。

其大部份已變成固定性質。想打開這種狀態，應該怎麼辦呢？茲與種種問題並起來，敍述今後的獎金、臨時獎金應有的形態如後。

首先，要緊的是，今後的獎金、臨時獎金最多以年 5 個月作為上限。因為，如果支給 6 個月以上獎金時，則變成一年中所領取的薪俸之約一半是獎金或臨時獎金，這在薪給的結構上是很奇特的現象。其次把現行獎金、臨時獎金分成兩部份來考慮，即如：

①最低保障部份……獎金、臨時獎金中作為生活費所支出的部份。約為 1 年 5 個月份中相當於 60%的 3 個月份。

②業績變動的部份……視企業業績予以變動的部份。相當於 40%的年 2 個月份。

在此所舉列的 6 成對 4 成是根據一般常識的分法，並非有充分的根據。但由於夏季獎金的約 50%，冬季獎金則約 60%是用在消費上，平均年獎金的約 55%是消費支出，所以習慣上生活費化部份大略估計為 60%。

與之相對的，業績變動部份的 40%則可視為個人的儲蓄，即用於置產的部份。

而就①的最低保障部份而言，則以在夏季為基本薪的 1.4 個月份，冬季 1.6 個月份，採取以月數來決定的方法。換句話說，就是將之置於在薪資調高致基本薪有變動時，也會隨著增加的關係上。

相對地，對於②的業績報償部份則不以月數而以支給額來決定作為原則。

也就是採取這種方式的話，獎金的 40%可避免與基本薪作機械性地連動，而可隨著業績作獨立的決定。這對用人費安定計劃會扮演很重要的角色。

關於業績變動部份的獎金，則以表示企業業績的經營指標來研定。此時的指標有下列各種。

①物的生產量……以件數或重量表示的生產量。

②生產金額……將①以金額換算者。

③純營業額……總營業額扣除折讓、銷貨退回金額。

④附加價值金額……總營業額扣除原材料費、動力費、外包加工費、零件費、雜費。

⑤營業總利益(毛利)……純營業額扣除營業成本。

⑥營業利益……營業總利益扣除銷售費用、一般管理費。

⑦純利益……營業利益扣除營業外費用加營業外收益。

⑧經常利益……純利益扣除資產處分所得利益、天災損失等特別損益。

⑨分紅。

⑩公積金(保留盈餘)。

由這些項目中選擇實際決定獎金時能適用的指標，加以斟酌決定即可。但不需考慮過於嚴密，例如這些數字由於景氣好而提高時業績變動部份的獎金也多，相反時則保守一點，而情況最惡劣時也可以用不發給獎金的方式來調節。

如果想進一步追求合理性，則把這些指標與獎金的關係以一定的計算式來表示，使得只要業績決定，獎金也能自動決定。

例如上述十項指標中，擬隨著附加價值的動向來決定獎金時，可將過去 5 到 7 年的實績繪成圖，或依最小平方法來分析，求出附加價值與自己公司的獎金總額的關係。結果如確認業績變動部份的獎金在附加價值中佔有某一定百分比時，可以下列方式來編列。

獎金支給額(年)＝最低保障額+業績變動部份

＝基本薪之 3 個月份+附加價值× α %

當然，實際上過去已經訂有如此明晰關係的企業可說是非常少。因此，此時就以新的觀點訂定自己公司今後要以附加價值 α%作為業績部份獎金的政策即可。

不管如何，獎金是具有業績報償的性質，至少應將其 40%部份與基本薪脫離關係作合理的決定，這是很有必要的。

三、使退休金與調薪脫離關係

下一個問題是要研究如何來設法防止在調薪時，退休金會跟著作機械性增加的措施。像近年來，厚生年金等各種年金已很充實，年老後的生活保障可由國家來承擔。環繞於企業的退休金制度之社會條件，可說已經改變了。

所以，應使調薪為調薪，退休金為退休金，各各單獨來解決才合符道理。換句話說，雙方作機械性的連動，已經變成有欠妥當性的時代了。

雖然如此，但現行的退休金制度仍然是以下列基本公式來計算，所以只要薪資調高基本薪增加，即無法防止其牽動到退休金的增加。

退休金支給額＝基本薪×年資別支給率

從以上這些情形來判斷，問題的解決可有下列三種途徑。

其一是，即使有調薪，在編入基本薪的時候，作某種整理的措施。

換句話說，假設現在調薪 10000 日圓，其中 3000 日圓為定期升薪，剩下 7000 日圓是基本調薪。3000 日圓的定期升薪要牽涉到退休金是當然的，而 7000 日圓基本調薪之中把 2000 日圓分配為第二基本薪的話，則列入基本薪的金額僅為 5000 日圓，此時對退休金的牽連就可以小一點。

所謂第二基本薪是，對基本薪乘以一定比率所計算的加給或調整薪給。可說是基本薪的分身。如此在調薪的分配上，用以調整牽連部份者即是「第二基本薪方式」。

第二種途徑是，依照基本薪調高部份來修正退休金支給率。即依照下列計算式，每逢有退休時算出新支給率。

新退休金支給率＝舊退休金支給率÷(1+基本薪調高率)

例如，年資 30 年的退休人員之支給率為 40 個月份，而基本薪調高率 10%的話。

新退休金支給率＝40 個月份÷(1+0.1)＝36.4 個月份

這就是新支給率，這樣做的話，退休金支給額可保持現狀，所以與其本薪調高脫離關係，並由勞資雙方視情況另作洽商。

第三種途徑是，以基本薪以外者作為計算退休金基礎額的方法。例如完全不與 5000 日圓或 10000 日圓之類的基本薪脫離關係，而以一定的單價為基礎，再乘以退休金支給率的方法。這一方法稱為「單價方式」。這時完全不受基本薪調高的影響。這一單價方式近來已顯著增加，可能成為今後新的退休金制度而受注目。

如再進一步詳作說明時，可再舉出下列 3 種方式。

①同一單價型……對全體員工適用一種單價的方法。如乘以年資別支給率時，倘若是年資同，則退休金是一樣的，不能反映其本人的貢獻度，所以如要採取同一單價型時，應就每一職能設立職能分數，再乘以在職年數後加以累計，算出就職到退休為止的總分數然後再乘以單價算出退休金。

②職能別單價型……這不是全體員工都用一律的單價，而是按職能別決定不同的單價乘以年資別支給率的方式。

設定不同的單價時也有加上年資因素而設定①年齡、年資別單價(例如訂定 19 歲開始到 57 歲退休為止之年齡、年資別單價)及②資格別單價(例如從參事到職員 5 級之 13 級階段，每階段決定資格別單價)之兩種，而將其合計額作為退休金的例子。

③折衷型……這是將一向所用的方式與單價方式兩者合併起來計算退休金的方法。具體地說，就是：

退休金(甲)＝基本薪×1/3×年資別退休金支給率

退休金(乙)＝職能別單價×年資別退休金支給率

這是現行退休金的三分之一是以一向所用的方式計算，而其餘三分之二則為單價方式來計算的方法。此時退休金(甲)會受到基本薪調高的牽連，但退休金(乙)則不受影響。

總之，參考這些種種方式，求出退休金與基本薪的調高脫離關係的獨立退休金的營運，在今後用人費計劃上是很重要的。

心得欄

11 各種津貼的合理安排

一、逐漸增加的各種津貼與種類

若各種津貼佔薪資水準全體的約 20%，如何加以管理？這對於用人費的安定計劃是相當重要的項目。

在美國或加拿大是各津貼儘量少，而以基本薪一項來支付認為最理想。其理由是，津貼是按企業或每工作場所的作業條件或環境來支付的為多，在人員流動頻繁的國度裏，因員工常由 A 企業移到 B 企業，所以有必要以單一薪俸來決定。但是這是美國或加拿大的情形，到歐洲去調查時，會發現各種津貼比想像中的要多。例如在西德，支付有相當於日本的職務加給或眷屬津貼等各種津貼。

日本是多津貼國家之一，而在戰後，曾經有將各種津貼統一起來納入基本薪俸之內的想法相當普遍。但觀察以後的過程，津貼的整理非旦未有進展，而相反地，到 1965 年代以後，支付住宅津貼、輪班津貼等新津貼的企業反而增加，其理由究竟在那裏呢？

第一是，隨著工業化、人口集中在都市，像住宅難覓、通勤距離拉長等，很多生活上的問題陸續產生，加以物價上漲，中高年齡層的生活發生困苦。

第二是 1960 年代到 1965 年代，相繼發生技術革新、工作環境劇變，同時兩班制、三班制的上班形態增加。

第三是，經營組織的近代化或重編。加速了機動性配置及工作地點的調動，因而需有符合此流動化的彈性薪給支付方法。

為了應付這些情況，津貼便發揮了其效能。

又隨著高成長轉換為低成長，為鼓舞員工使員工能適應此情勢，或以解除各種不平衡為目的，甚至有人主張各種津貼的重要性。所以，以結論而言，今後與其說取消各種津貼，不如說研究其巧妙的支給方法較為重要。

二、津貼管理的注意點

第一是，要以鼓勵性質的津貼為重點來支付。

雖然我們用籠統的一句話說各種津貼，但是津貼並不全是間接性的生活補助性質者。就其性質而言，各津貼可區分如下。

①與職務及服務型態有關之津貼……與職務有關的有經理加給、課長加給等主管津貼、職務津貼、資格津貼等。而與服務型態有關的則有，兩班制津貼、三班制津貼、守衛津貼、接線生津貼等。

②刺激工作意願，提高士氣的津貼……全勤津貼、生產獎金等。

③具有調整意味之津貼……以一時性調薪為目的，而在初薪調整津貼或基本薪調高時，為不破壞基本薪序列所支付的臨時性津貼，或改變薪資體系時，為保障既得薪資水準所支付的調整津貼等。

④以生活輔助為目的的津貼……房屋津貼、眷屬津貼、物價津貼等。

⑤福利性津貼……與員工的服務、生活有關的。以使其生活更富裕為目的所支付的津貼。有交通津貼、用餐津貼、納稅津貼、子

女教育津貼等。

⑥法定津貼……根據勞基法有義務須支付的加班津貼、例假日出勤津貼、深夜工作津貼、值班津貼、休業津貼、不休假獎金等。

這些津貼中第⑥項是法律不敢就不能改變。但其他的津貼則可由企業任意規定，所以儘量要如第①項到第③項，整理成為與職責有關或以提高工作士氣為核心的津貼，這是很有必要的。

第二是，要防止津貼的氾濫，常說「津貼招來津貼」。因為津貼的設定很方便，所以設立一種津貼以後，會產生相似的另一種津貼而形成津貼的氾濫，這種情形就是導致用人費膨脹的重要原因。

例如，發給汽車或電車的月票形式的交通津貼是尚稱合理的，但未有汽車、電車的地區如果發給自行車津貼的話，走路上班的人就會提出發給走路津貼的要求。這就是「津貼招來津貼」現象的典型例子。

三、防止津貼氾濫的重點方法

1. 遵守一對一原則

這是增加一種津貼時，一定要取消已喪失意義的另一種津貼之意。雖然有時候沒有那麼容易取消，但至少要有這種決心才行，津貼一旦設定，由於利害關係，是不容易廢除的。但如果如此，則不可能防止津貼的氾濫。所以設定新的一種津貼則希望能斷然廢止舊的一種津貼。

2. 保存設定津貼的備忘錄

這也是重要的原則。設定津貼時，任何人都知道其經過情形，而認為不會引起錯誤，但隨著時間的流逝，當時的經辦人離職等事項發生時，就不清楚當時設定的宗旨，而無法避免重覆發給同性質的津貼，也會發生要廢止該津貼時，喪失根據等現象。

因此，要設定的時候，應把設定的宗旨、金額或支給的要件等明確地作成記錄來保留。

例如在工廠、現場有公司經營的膳食設備，但在都市中央的辦事處則不可能有如此設備，所以會支給膳食津貼的時候。這時就要闡明支給的宗旨，金額則考慮了午殖市場價格的一半等事項明確地作成備忘錄。如此，則在發生工廠供應膳食的制度停止或物價水準有變化時，可使改變或廢除膳食津貼有所依據。

或對於在現場常見的高處作業，當然要有「在超過 4 公尺以上的危險高處作業時，每小時支付 10000 日圓」之類的條件外，並規定只限於保護用具欠缺時支給等，一定要做成記錄或在規定中列明。有這種數據的話，例如在做好平台等安全裝置時，便可以合理地不再發給危險津貼或加以廢止。

3. 視為求平衡的津貼

對於各種津貼有認為是具實際費用的補償性質，這種想法有很多的問題。發給月票的交通津貼或住在公司所指定住所的房屋津貼等，可說是實際費用的補償性質，但因而認為所有津貼都是如此，也是不對的。

例如眷屬津貼，並非彌補家眷增加 1 人所帶來的生計費之實際增加而支給，而將之認為這是為緩和眷屬少與眷屬多的人之間，生計費所發生的不平衡，這種程度的看法即可。

或在公休日或例假日，對於因緊急事故或工作上的必要而受命上班的人支給津貼時，應認為是由於緊急上班命令而受到的精神的、時間的損失而支給的象徵性的津貼。或，以實際的費用補償為宗旨所支給的交通津貼來講，也因為要住在什麼地方是其本人的自由，所以其通勤距離超過某一定距離的話，就超過的部份有必要採取由其本人負擔全額或二分之一的措施。

因此，所有的津貼，應該認為是對不能以本薪彌補的情形予以「平衡化」或「象徵化」的性質者，這種看法是很有必要的。

4. 不要以支給比率而要以支給金額來訂定

需要注意的是，以基本薪的一定比率來決定津貼就會有問題。例如訂定基本薪的 6%為眷屬津貼時，基本薪調高的話，眷屬津貼也自動地增大。這樣的話，津貼管理失去彈性，用人費安定化就非常不易推動。

因此，在津貼的管理上所必要的是，即使以基本薪的支給率作為參考來決定，但也只是做為參考而已，形態上仍然應該以金額來訂定。

5. 設定一定的標準線

對於生活補助性的津貼要設立一定的標準線來營運是很重要的。例如，本公司所有的各種津貼不得超過基本薪的 20%，這也是一種標準線。實際上，根據各種薪資統計，平均起來基本薪 80，津貼 20 的比率，在過去 10 年都沒有變化。這種現象可能是認為基本薪的比重低於 80%，在薪資管理上是不甚妥當的看法所形成的。訂有這種標準線的話，假如眷屬津貼 5%，地區津貼 10%，房屋津貼 7%時，合計為 22%，即超過了標準線。或如眷屬津貼 7%，膳食津貼 2%，交通津貼為 5%時，合計 14%，在標準線之內，可以做如此的判定。

另外也可以在能力評定的觀點來訂標準線。也就是從起薪開始，每年根據能力評定升薪，而每人的薪給水準也由此有差距。然而這種能力所引起的薪給差距，在 35 歲的中堅層時，假定是正負 12%。這時生活補助性津貼如果佔薪俸的 12%以上的話，成績最差的人也可以領到標準者的薪資，則不能徹底執行能力主義。所以對各津貼的限度也需要從這種角度來加以研究。

6. 避免支給之目的重覆的津貼

這是要避免重覆支給同樣目的的津貼之意。一種津貼有其本身的支給目的，而隨著津貼種類的增加，相互間的支給目的未加整理則會發生重覆現象。

現在我們就地區津貼來探討。這是戰後不久，斟酌各地方的物價差距而開始支給的。但到了 1955 年代，各都道府縣的物價差距顯著的縮小，反而，都市與鄉村的大區域性之生活水準差距卻愈來愈引起注目。

所以在這一階段地區津貼經過整理後改訂為都市地區及鄉村地區等二區制或甲(三大都市圈)、乙(其他都市)及丙(鄉村地區)三區制。

其後再到 1965 年代時，此差距也逐漸消失了。以前在鄉下或島上的工廠並不是系領帶穿西裝而是穿簡陋工作服上班，但在都市就不一樣。有這種生活水準面的差異。但從電視不斷的報導消費情報之後的現在，在日本全國幾乎看不到這種差異。

從這一點看來，現在的都市及鄉村的生活費差異主要可視為住宅費所引起。也就是在人口集中的大都市圈租房子的時候，所需費用很大，但在鄉村地區就不然。

那麼，企業如果充實自宅政策或支給房屋津貼時，在地區之間會發生支給目的的重覆。所以必須採取廢止地區津貼或大幅度削減的措施。

同樣的情形在物價津貼與膳食津貼之間也有存在。這是必須加以留意的。

於是也可以相反地採取把支給宗旨予以統一的方法。例如在某公司所實施的，將管理部門員工與作業部門員工間各種業務條件之差予以統括，而對現場員工支給所謂「現業津貼」。

換句話說，在作業部門有輪班制或緊急上班等，要忍受管理間接部門所沒有的勞動條件。但如對此一項一項地支給津貼的話，津貼林立無法收拾。所以將之統括為一，支付以彌補這些條件為宗旨的現業津貼，就可以避免每逢勞動條件有變化就要增加津貼或改訂金額的繁雜性。

7. 明確規定支給條件及限制

要支給津貼時，應明確地規定其支給的條件及限制，這也是很重要的。以眷屬津貼為例，把支給的範圍特定為配偶(妻或夫)、以及第一子、第二子或父母。這時也要有一定所得以上者除外或不同居者不支給等限制。

此外對於交通費，因為要住在那裏是本人的自由。所以不管從什麼地方通勤也要支付全額的交通費是有問題的，所以要設限。根據日經連的調查，約有 40%的企業對金額或距離等都有以某種形式加以限制。

12 如何調整人員聘僱計劃

從適當用人費管理的觀點，求人員構成平衡是很有必要的。也就是高齡者偏多或都是年輕層的人員這種不平衡年齡構造對企業來講並不是好現象。以日本全產業員工的年齡來看，約 36 歲的年齡層者最多。只要從這種結果去想，您就可以瞭解，必要人員的管理是多麼需要特別加以注意的。

並且，今後的必要人員管理上不可或缺的事是必須將人與薪資成本直接連結起來考慮。

也就是，與用人費連起來，考慮該項職務所要求的能力與質，而作適當的配置。

假定某公司按能力階段別設定的職級如表 12-1，而符合各該職級之適當人員假定在表的 A 欄所示。根據此表所示，人數需要最多的是從事於例行工作的作業職階層一職級 II，次多的是補助職一職級 I，而相當於管理職或企劃職的職級Ⅴ或職級Ⅳ則只要少數即可。但如果假定實際人員配置時由於招募計劃的不週全，以致中高年齡層特多，成為 B 欄的狀況的話，等於配屬了超過所需能力以上的質的人員。

表 12-1 適當人員數與實際人數之差及用人費

	職級薪資	(A) 適當人員數用人費	(B) 實際人員數用人費
職級Ⅴ(管理職)	35萬日圓	1人 35萬日圓	1人 35萬日圓
職級Ⅳ(企劃職)	27	254	4108
職級Ⅱ(判定職)	20	480	9180
職級Ⅱ(作業職)	15	20300	18270
職級Ⅰ(補助級)	10	880	330
合計		35人 549萬日圓	35人 623萬日圓
		(100)	(113)

將這情形從薪資水準來看，正如該表所分析，要多付約 13%的薪資。

由此例可想到的是，第一，如欲適當管理必要人員我們必須徹底瞭解各工作所需要的能力的質，並致力於將能符合此條件的人員配置上去。

一、企業人員調整的順序

發生人員過剩時，需謀求有彈性的解決方法。這時要明確地把握過剩人員數，同時尤其在員工或產業工會之間謀求能順利調整的措施與順位，這是非常必要的。

①首先要端正經營姿勢，明訂複建計劃等方針。此時也可以考慮刪減董監事獎金及報酬或主管職薪給等。

②以企業整體的立場限制加班，把工作轉到發生過剩人員的工作部門。

③研究把過剩人員調到有工作量的其他部門。

④削減外包或臨時僱員。

⑤將特別休假提前實施。

⑥全面凍結採用新人。

⑦自然淘汰不補充。

⑧隨著必要，把員工派到關係企業服務。

⑨利用暫時休業制度(僱用調整給付金制度)。

⑩對某一定條件的人實施在家待機待命的制度。

必須將這些手段總動員起來應付，而自願退休的登記可說是最後的手段。

二、暫時解僱或暫時休業方法

這是別名暫時解僱(lay-off)者，但在美國的 lay-off 則是附有複職權的解僱與日本的觀念有相當的差異。

也就是，因錯誤或引咎的解僱，屬於因為其本人有責任而遭解僱，而 lay-off 則是責任不在本人。例如因為汽車產業的車型改變，或因不景氣的工廠關閉等所引起之大量解僱之謂。但只要不景氣等解僱之理由消失的話，要優先錄用，這一點是不同的，但解僱的本身是不變的。

在日本所稱 lay-off 則是不解僱而繼續維持僱用契約的暫時休業。這是屬於日本勞動基準法第 26 條規定的「資方責任所引起的休業」所以要支付相當於平均薪資 60%的休業津貼。

因有這種規定，所以會出現不休業反而加速倒閉，或相反地因突然發生解僱而引起失業多等現象。

因此，1975 年 1 月起即使保持著僱用契約而休業時，也可以由僱用保險支付一部份津貼來使僱用調整順利，防止失業發生的這種僱用調整給付金制度開始實施。

也就是說，合乎一定條件的暫時休業時支付的津貼是：中小企業……資方所支付的休業津貼之三分之二大企業……資方所支付的休業津貼之二分之一支給的限度是，該事業勞動人員總數之一年 100 天的合計金額。

所謂合乎一定條件的休業是，指休業日數在中小企業是佔該月之規定勞動日數十分之一以上，在大企業則是八分之一以上的時候。又，除此之外，並以勞工部長所指定的業種為限，而指定的業種則在公報上公佈。

僱用調整給付金的申請要在休業日前一天以前向職業安定所提出「休業實施計劃(變更)書」辦理。

三、自然淘汰不補充的方法

企業由於退休、死亡、結婚等各種因素會發生自然離職，而對此缺額採取不補充的措施。這是在僱用調整中抵抗較小的一種。但這種僱用調整需要一定的時間。現在以 1000 人的企業用 5 年的時間實施自然淘汰的計劃，作為例子來加以說明。

①退休人員……該公司的退休年齡訂為 57 歲，而 52 歲以上

的員工約有 20 人，這一批人在今後 5 年就會離職。

②特約人員及再僱用期中人員……57 歲以上之特約人員，合約員工名義受僱的人約有 15 人，其契約期間約為 2 年，第一次訂契約者 10 人，第二次訂契約者 5 人。如果不再續約的話自然淘汰 15 人。

③停職期滿……因為個人的傷病而申請停職的有 10 人，其中根據人事管理規則規定得停職 6 個月者有 2 人，1 年以下者 3 人，1 年 6 個月以下者 4 人，2 年以下者 1 人，那麼 5 年後這些人的停職均將屆滿。

④因私事離職人員……根據過去的記錄，因私事離職的員工年約有 1%所以 5 年以 5%計算就有 50 人。

⑤結婚分娩離職……到 25～26 歲的女性員工有 10 人。以過去的記錄來看，因結婚而離職的人今後 5 年假定有 70%時，預計將有 42 人。

⑥其他……因死亡而離職者預估為 3 人。

以上加以累計，自然淘汰人數將有 140 人。

四、自願退職的注意事項

此方式是 1965 年代以後代替過去的指名解僱方式而登場的。由於指名解僱在勞資之間有太多的糾紛，而提出一定條件徵求自願退職者的方法。在一定的條件中列出者以年齡、年資或單身、有眷等例子為多。

關於退職金則以採取比照一般退休或依照公司情況，或再加上特別的金額等方式者都有。

退職金的支給方法有：

①事前在退職金規定中，訂妥是照公司因素的退職抑或適用更多的支給率。

②援用退職金支給率，但還有特別加給或乘以加給率再加 α，使之達到更優厚。

③每逢情況發生時，另行協定。

自願退職一旦發生就要在短時間內解決，又從勞資間容易引起糾紛來看，不管如何應按照當時的情況另行協定，或保留有另作判斷的餘地，這是很重要的。

13 吸收人力成本的方法

如果用人費的增加超過了企業支付能力時，要研究消化的對策。

當然，根據支付能力來決定薪資的話，不需要考慮什麼吸收對策，也不需要傷腦筋。但世上的事並非如此簡單，有時會被迫調高薪資超過業績或生產力。然而在低成長時期不像高成長時期，如果不徹底地研究吸收對策，則說不定要引起企業的危機。

關於用人費的吸收政策問題，有一項必須要先加以說明的事。即，任何人一提到用人費的吸收策略時都會期待阿司匹林那種特效藥，但事實上並非如此而都是極其平凡的作法之累積而已。

換句話說，用人費吸收策略並非特效藥，反而應該是要以長時間來改善體質的中藥。也就是說，經營活動既然以最小的成本求取最大效果的效率化為目標，那麼把日常活動加以累積的話，每一項都會與用人費吸收策略有所連結。所以，用人費吸收的基本戰略，必須是經營效率化的綜合計劃。

第一是，正如俗語說「打鐵要趁熱」，用人費吸收策略也是不能喪失時機。也就是基本薪調高後約半年的期間是員工士氣最高昂時期，不要失去這時機採取措施。

基本薪調高半年以後，誰都會認為這是當然的事情，而慢慢趨於平淡。這是發生在某中型企業的例子，該公司曾經決定取消餐廳，作為經營減量化的一環。要取消時，公司把企業的現況公開給員工，而員工也沒有反對。但經過半年以後，員工好像忘記了當初的情況，而要求支付膳費津貼來代替。類似的情況在勞動問題上是常有的事。隨著時間的經過，不容易保持當初的心情。因此必須好好考慮類似情況，不要失去時機。

又，經過一年以後，仍無法吸收的部份則要構成下年度薪資成本的提高，會使經營陷入苦境。這種情況再累積下去時，有時候會斷送經營的命脈，所以須努力在下次景氣上升時一次完全吸收。即使陷入低成長期，也可預期約三年一次的小型或中型復蘇期。

也就是，採取每年把基本薪調高後的半年，作為集中期，實行用人費的吸收策略。如仍有未能吸取的部份則要採取在約三年一次的復蘇期將之消化掉的方法。

第二要訣是，不要把用人費的吸收策略，僅讓人事單位的人員來研究。也就是必須將之變成公司全體員工來思考，實行「全公司運動」。

所謂用人費的吸收策略並不是有特別的手段，而是如何將日常的經營效率化活動累積下去，這才是應考慮的課題。所以，在各人的工作崗位上，改善工作方法，節約材料，防止不良品的產生等細心的努力之累積都與吸收策略有關聯，這一點要讓所有員工都有共識，這是非常重要的。並且同心協力做最大的努力，這是最基本的事情。為達成此目的，應促使 ZD 運動、QC 圈等小集團活動活潑化，而設定降低成本 10%或消滅不良品 100%等目標，使之成為全公司運動。也就是不要由一、二人來思考研究，而應由「大家來想辦法」，這是很有必要的。

一、擴大營業額

營業額的構成比率是如表 13-1 所示。

即，經營上可獲得穩定性指標的 1970 年到 1974 年，用人費的平均是大企業 12～13%，中小企業 15～16%。

假定現在薪資調高 10%，用人費也以同率增加時，如果營業額不變，則營業額與用人費比率的上升是大企業 1.2～1.3 點，中小企業則是 1.5～1.6。

這時，如果原材料及其它經費方面無變化的話，用人費比率的增大將抑壓收益。

根據表 13-1，營業額純益率在大企業是 4.6%，中小企業是 4.2%，所以用人費以上述比例侵蝕的話，大企業要減益約 28%，中小企業則約 37%。換句話說，經營要蒙受相當大的打擊。

表 13-1　營業額構成比率(製造業)(%)

	年度	1970	1971	1972	1973	1974	平均
大企業	原材料費	51.4	49.7	47.6	49.7	53.4	50.4
	用人費	11.8	12.8	13.0	12.8	13.3	12.7
	金融費用	4.1	4.5	4.2	3.8	4.4	4.2
	折舊費	4.4	4.7	4.5	3.9	3.5	4.2
	其他費用	23.0	24.4	26.1	23.9	22.0	23.9
	純利益	5.3	3.9	4.6	5.9	3.4	4.6
中小企業	年度	1970	1971	1972	1973	1974	平均
	原材料費	49.3	48.3	47.5	48.7	49.1	48.6
	用人費	14.6	16.0	16.3	14.9	15.7	15.5
	金融費用	2.7	3.0	2.8	2.5	3.1	2.8
	折舊費	3.0	3.1	3.0	2.7	2.6	2.9
	其他費用	26.3	26.6	26.7	25.3	25.3	26.0
	純利益	4.1	3.0	3,7	5.9	4.2	4.2

註：大企業為 1000 人以上之企業；中小企業為 50～299 人之企業

所以，以企業的立場來講，如有用人費的增加，就需要設法使營業額擴大到同等或同等以上的數目。並且除非採取這種戰略，否則因為：

營業額用人費比率＝用人數÷營業額

營業額用人費率之增加率÷用人費增加率－營業額增加率

所以可保持營業額用人費比率不變或稍降。

而且，只要這種積極的戰略成功，即使不採取降低成本、工廠歇業、裁員之類似的特別合理化措施，也可以吸收用人費的增加，而更由於不需提出特別的要求，所以員工的士氣也不會低落，同時也可以獲得工會的協助。換句話說「擴大營業額」對企業經營可說是屬最受重視的戰略。而根據多項調查顯示，以這策略作為用人費的吸收方策之第一順位的企業是壓倒性地佔多數。

因此，具體地來講，為了要努力擴大銷路，應以制造價廉、高品質商品開始，投入優秀營業人員，充實宣傳或售後服務等措施，無論如何要想盡辦法徹底擴大銷售才行。

二、提高工作生產力

營業額擴大措施，在高成長時期，由於需要的增加比較穩固，所以成功率相當的高。

但在經濟成長減速時期則「所製造的東西不一定能賣掉」，所以企業界的困擾也在此。就今後的經濟情勢來講，若未能開發相當新穎優秀的商品，或設法將業種更換到成長領域，否則不容易將營業額擴大。

因此，在今後的經濟上，成為企業經營最重要目標的是工作生產力的提高。也就是，如能提高生產力，即使營業額不增加也可以獲得完全同樣的效果。

例如：年營業額有 200 億日圓時，即使營業額保持不變，而原來以員工 1000 人來達成的業績，變為 900 人來完成。那麼營業額生產力原來為 2000 萬日圓者即變成 2220 萬日圓，約增加 10%。如此則就其結果來講，可帶來與擴大營業額一樣的效果。也就是，將用人費比率加以分解時：

營業額用人費比率＝用人費÷營業額

＝用人費/員工數÷營業額/員工數

＝平均 1 個人用人費÷營業額生產力

營業額用人費比率上升率

＝平均 1 個人用人費增加率－營業額生產力提高率

正如此公式所說明的，只要平均 1 個人用人費增加率與營業額生產力提高率是相等，用人費比率就不變，而且也不會抑壓收益。

像這樣，在低成長期工作生產力的提高對企業是非常重要的策略。但要這樣做，經營上必須作相當重要的決斷。也就是需要以少數人員來達成與過去同樣或還要超過以前的效果。尤其如上例，若裁減人員的話，總是很容易造成勞資雙方的糾紛。

並且，在日本由於有終身僱用的慣例而不能輕易調整僱用人員，所以需以自然淘汰不補或不錄用新人等方法來減員為基本作法。因此從問題的性質來講，必須以數年的長程計劃來因應。

或者，如果無法減少人員的話，就要訂定 3 年或 5 年的中程計劃，而採取營業額增加但不增加人員的措施。例如，即使三年的時間營業額約增加 30%，而由 200 億日圓增加到 260 億日圓，此時人員的增加如能抑制在 17%的話，則在三年後工作生產力提高了 10%，即可實現精兵之目的。當然，這時候不要為了縮減人員而有強化勞動的情形。應以排除工作的浪費或實行省力化等手段來達成。這是非常有必要的。

三、省力化投資

其一是儘量作省力化投資，造成以少數人員也能工作的態勢。最近如搬運機器或捆包機等，間接部門所使用的相當輕便價廉的省力化機器已上市，因此可以引進以資節省人工。

現在平均一個人用人費是年約 300 萬日圓，其二倍到三倍的省力化投資，可以說是合算的金額。

省力化投資的合算界限有下列兩種想法。

具一是從省力化投資之成本來計算的方法。即，從金融機關借款來作省力化投資時，所需經費有①利息支出，②折舊費，③稅捐、災害保險費等，其合計額約為投資額的 30%。如果合算的投資額為 I，用人費為 W 時，則：

$$W = I \times 30\%$$

$$I = W \div 30\% = 3.33W$$

因此，即使投資了用人費的約 3 倍金額，其成本還是一樣的。

其二是，由省力化投資的回收期間來計算的方法。所引進的機器設備經過一段時間會陳腐變成沒有用的東西。而且最近技術革新很快，許多機器設備在 2～3 年即陳腐化。因此，必須在這期間之內充分運轉賺回本錢，以這樣的打算來作省力化投資才行。

合算的省力化投資＝用人費×投下資本的回收期間

現在假定一年的用人費為 300 萬日圓，如投資回收期間為 2 年時，則為 600 萬日圓，3 年時則為 900 萬日圓是其合算的投資界限。

當然，不能說花錢才是聰明，必要的是，想辦法以少額的投資獲取最大的效果，作這種努力才是重要的。

四、降低成本

第三個手段是降低成本。在該表中製造業的原材料費對營業額的比率是，無論大企業或中小企業都是 50%左右。

所以如能成功地降低原材料費，就可以吸收相當多的用人費。尤期在石油危機之後，因為原材料能源價格高漲之故，以降低成本作為中、長程經營戰略的企業逐漸增多。

當然，一樣是降低成本，也有消極與積極兩個層面。消極面乃是以儘量減少不必要的東西，消滅浪費為主要著眼點。曾有某製造廠由於堵塞工廠內鐵管所漏蒸氣，成功地節省了幾千萬日圓的經費之例。或者除必要時之外，將辦公室或盥洗室的照明全部熄滅，這種經費節減方法在石油危機後已不是新鮮的例子。

另外，積極策略方面乃是積極地推動作業方法的根本改善，或以 VA 等方法謀求原材料的改變，或從開發不太消耗資源的新產品來促進體質上的成本降低。

這種積極地節減原材料、能源的嘗試，各業界都在實施，並有輝煌的實績。

例如，製造鋼鐵 1 公噸所需要的焦炭在 1965 年是 507kg，而到 1976 年時，降為 432kg，約節省 15%。在水泥的生產來講，其每公噸能源消耗量在同期間換算重油 141e 降為 127.5e，節減約 11%。另外，還有很多企業降低成本的實例。據 1977 年中小企業白書所報導，衣架製造廠 K 公司(資本額 500 萬日圓，員工 40 人)是將可以自動化的工程由自己公司製造，而需要手工部份則委託相當於自己公司員工的 10 倍約 400 人的家庭副業來完成，並將之成功地加以組織化，大幅降低了成本。

軸承製造廠的 Q 公司(資本額 4000 萬日圓，員工 126 人)，過去是把鋼制軸承裝在桌子。但是裝在桌子的軸承不一定要鋼制，後來以耐久性並不遜色的合成樹脂代替，結果大幅度縮短製造工程。生產成本也降低到過去的二分之一甚至三分之一程度。

還有，齒輪製造廠的 N 公司(資本額 9000 萬日圓，員工 70 人)，是由於應付小額客戶的多種少量生產，所以在成本面有很大的瓶頸。因此把多種類的齒輪根據自己公司規格加以標準化為 1200 種，使生產能採取計劃生產方式。結果生產成本及管理成本大幅降低，也大幅縮短了交貨時間。

五、削減資本成本

第四項方法，是削減資本成本的對策。

資本費是指設備投資時，對此資金所付的利息等金融費用或投資的機器設備的折舊費等。這些資本費佔附加價值的比率是，在大企業為 30%，中小企業也有約 21%，所以能降低該比率，經營的負擔就可以相對地減輕。

但，在此需要留意的是，資本費的成本，也與原材料費有所不同，並非愈低表示愈好。換句話說，設備投資是企業未來生產力的基礎，而作一定量的投資在企業的成長、發展上一定是必要的。

所以，以結論而言，除不作無謂的設備投資之同時，設備投資時儘量要以內部資金來充用而減少借款。

關於這一點與歐美企業比較時，1973 年的各國企業的自有資本比率是美國企業為 52.2%，英國企業為 49.5%，西德企業為 35.8%，而日本企業則僅有 14.4%。也就是日本企業的資本 85%是借款，因而脫離這種借款經營是在經濟低成長時期的重要課題。

並且，倘能由於採取償還借款或內部資金的設備投資而節省資本費的話，經營負擔也可以減輕，也能增加支付能力。

六、間接部門效率化

其次要注意的是，對管理、間接部門要消除人員的浪費。戰後到現在，雖然有各種各樣的技術革新，引進了很多機器。但是，在現場部門來講，一台機器要配置多少人是由其物理性來決定的問題，除了輪班預備人員比率以外，不管是在日本或歐美應該是沒有什麼差異的。

反而，在歐美常因為有「勞動限制慣例」之類的勞資關係規約，因而即使引進了新的機器，仍要保留過去的人員編制，以致合理化遲緩的情形存在。

然而，在日本，間接部門的效率化可說還有太多的改善餘地。例如在歐美的企業，幕僚部門的主管是以配置女性秘書一人從事助理工作而已，絕不配置多餘的人員。

也就是在歐美的企業，每一位主管是專家，而管理、間接部門就是像專家的集團一樣。因此其組織雖然左右寬，但上下非常之短。而日本則是上下重迭化的「金字塔」組織，這是其特色。

這是在日本的企業存在部· 課之人員如果很多即表示該部門權威的增加，這種氣氛所引起的。但我們必須像歐美各國一樣，把組織認為是一種功能加以合理化的必要。

七、間接部門合理化

間接部門的合理化方法有下列三種。

1. 與同業同規模的企業比較

這是取同業同規模的幾家公司，與自己公司的管理、間接部門人員比率做橫的比較的方法。

假設有 A、B、C、D、E、F 六家公司，其間接部門員工佔全體員工的比率為平均 36%，而自己公司是 42%的話，即可判斷自己公司間接人員的比率過大。這時，雖說是同業公司，但是各公司的營業範疇仍有若干的差異，所以這一點須要加以整理之後再作檢討。又，營業或設計、技術、研究等人員雖然在辦公室工作，但仍應列為直接人員。另外，即使在現場如系擔任記錄工或材料工者則應區分為間接人員。

2. 管轄幅度(span of control)的適用

這是想從一個管理與監督者最多能管幾個部屬的管轄幅度，來計算管理與監督者的適當人數的方法。

關於管轄幅度在日本也有很多的研究，例如高度的企劃職、研究職的主管人員，一人能管轄的部屬最多 5～6 人，而相反地，如捲線圈，處理傳票等單純的作業者，則一人可管轄 30 到 40 個部屬。

現在假定有 1000 多個員工的某企業，部經理課長等管理職，股長、班長等監督者有 100 人。如果管轄幅度以一般職平均 15 人，監督職平均 4 人來累計時，管理、監督者只要 85 人即可，所以可知主管人員(管理、監督者)應再予縮減。

3. 依據用人費比率者

這是以間接部門人員的用人費比率來控制必要人員名額的想法。過去是以人數來決定必要人員的人數，但最近由於用人費高漲，所以用此方法來決定已經不夠了。而必須以僱用 1 個人需多少用人費，這種從成本面來分析的方法。

也就是隨著用人費的高漲，過去 4 個人所做的工作要想辦法由 3 人來做。

對於間接部門特別可作這種說法，如果放任不管時，變成對間接部門的方針不清楚，只有引起人員的徒增。

那麼假定現在要把總務部門全體人員的用人費對營業額的比率抑制在 2%，平均 1 個人用人費為平均 300 萬日圓時，其必要人員名額可用下式算出。

總務部門必要人員＝營業額×總務部門用人費比÷平均 1 個人用人費

＝200 億日圓×2%÷300 萬日圓

＝66.6 人

即，依此例可配置總務部門員工最多 133 人。

又，如擬抑制技術研究部門的用人費比率為營業額的 1%時，計算約為 67 人。

八、主管人員數的原則

其次是需要明確地訂定有關管理、監督者階層的原則。管理者的定義是，不親自工作而透過部屬去完成工作，自己則以計劃與檢討的業務為主的中級主管人員。而另一方面監督者則是工作場所的領導人，除需親自工作外也要擔任指導及監督的階層之人員。

近年來，由於管理監督者層的分工，其內容亦趨複雜，但若不明訂方針則將愈發紛亂。

以整個日本而言，現在部經理及課長等管理職人員是佔所有從業員的 5.6%，即 18 人中有 1 人的比率。但這是實績而不應該是適當的數字。同時有所謂「管轄幅度」(span of control)的想法，正在進行著一個管理或監督者得以管轄的適當部屬人數的研究。

不管如何，對於監督者人數總希望能有某種形式的方針。

九、直間比率合理化

其次是直接間接人員比率的問題。

這比率乃表示作業現場的直接作業員、營業員、技術研究員等直接人員與記錄工、材料工或管理、監督部門等的間接人員之比率。換句話說，現在假設有一百個員工，其中 60 人是直接人員，40 人為間接人員的話，直間比率是 60 對 40。

而當然，雖然所僱的員工人數相同，但是如果直接人員的比率愈高，則經營效率也愈高。

對於這一點，根據日經連 1971 年的調查顯示，直間比率是 60 對 400 但在歐美各國，尤其美國其想法非常徹底，其直間比率為 80 對 20 或 90 對 10。

美國的間接部門人員比率如此之小，這是以獨特的組織原理來解決的關係。也就是，在美國企業組織並不像日本是金字塔型，而始終致力於保持上下階層壓扁的扁平型。

總而言之，即使對於這一點不能單純地想通，日本企業的高階層經營者也應該對於直間人員比率表示一明確的標準。

由於這些事，管理部門的合理化，最近特別受重視，而 MIC 計劃(間接部門效率化計劃)或 CCR 計劃(事務成本節減計劃)成為受注目的焦點。

14 企業要定員，才能精簡組織提升績效

定員工作是保持合理的定員數量，達到滿足生產需要和節約勞動力的目的。為了實現合理的定員水準，企業定員需要考慮企業的經營目標、精簡高效節約目標、人員比例關係、人員配置、貫徹定員標準的環境、定員標準的修訂等因素。

定員問題不僅僅是單純的數量問題，同時涉及人力資源的品質及對不同勞動者的合理使用。因此，還要做到人盡其才、人事相宜，將勞動者安排到能夠發揮其才能的工作崗位上。要做到這一點，企業必

須認真分析、瞭解員工的詳細狀況，包括年齡、工齡、體質、性別、內容、任務和環境條件等。

一、企業定員需要考慮的因素

企業人員的比例關係包括三種。

· 直接生產人員和非直接生產人員的比例關係

· 基本生產工人和輔助生產工人的比例關係

· 非直接生產人員內部各類人員以及基本生產工人和輔助生產工人內部各工種之間的比例關係

在產品結構和生產技術一定的條件下，圖中的各種關係存在著數量上的最佳比例，按這一比例配備各類人員，能使企業獲得最佳效益。因此，在編制定員中，處理好這些比例關係顯得非常重要。

⑴企業定員是指固定的員工數，一般的定員標準是確定員工的依據之一。例如，廚師人員定員標準，即廚師員工數與就餐人數的比例是1：20。這裏的1：20是廚師人員的定員標準，就是說每20名就餐者可以配備1名廚師。如果預測就餐人數為200人，則廚師人員的初期定員為10人。

⑵企業定員標準的可變性大於一般定員標準。這是因為，決定企業定員標準的諸多因素都是可變的，隨著市場需求的變化而變化。一般在年度計劃確定後進行一次相應的調整。一般定員標準則不同，一經頒佈，若干年不變。

二、實施定員的方法

在企業中，由於各類人員的工作性質、總工作任務量和個人工作(勞動效率)表現形式不同，以及影響其他定員的因素不同，使核定用人數量標準的具體方法也不相同。

1. 按設備定員

按設備定員是根據設備需要開動的台數和開動的班次、工人看管定額及出勤率來計算定員人數的。計算公式：

定員人數＝(需要開動設備台數×每台設備開動班次)/(工人看管定額×出勤率)

例如，某工廠為完成生產任務需開動自動車床96台，每台開動班次為兩班，看管定額為每人看管兩台，出勤率為96%，請問該工種定員人數為多少人？

定員人數＝(40×2)/(2×96%)≈42(人)

此方法屬於按效率定員的一種特殊形式，公式中公認的勞動效率表現為看管定額。它主要適用於以機械操作為主，使用同類型設備，採用多機床看管的工種。因為這些工種的定員人數主要取決於機器設備的數量和工人在同一時間內能夠看管設備的台數。

公式中，設備開動台數和班次要根據設備的生產能力和生產任務來計算，並不一定是實有的設備數，因為生產任務有可能不足，設備不必全部開動，有的是備用設備，也不必配備人員。不同設備需要開動的台數應用不同的計算方法，一般要根據勞動定額和設備利用率來核算單台設備的生產能力，再根據生產任務來計算開動的台數和班次。

2. 按工作崗位定員

按工作崗位定員，即根據崗位的多少，以及崗位的工作量大小來計算定員人數的方法，這種方法適用於連續型生產裝置(或設備)組織生產的企業，例如冶金、化工、煉油、造紙、玻璃制瓶、煙草，以及機械製造、電子儀錶等各類企業中使用大中型聯動設備的情況。此外，還適用於一些既不操縱設備又不實行勞動定額的情況。

(1)設備崗位定員

這種方法適用於在設備和裝置開動的時間內，必須有單人看管(操縱)或多崗位多人共同看管(操縱)的場合。具體定員時，應考慮四項內容。

①看管(操縱)的崗位量。

②崗位的負荷量。一般的崗位如果負荷量不足4小時的要考慮兼崗、兼職、兼做。高溫、高壓、高空等作業環境差、負荷量大、強度高的崗位，工人連續工作時間不得超過兩小時，這時總負荷量應視具體情況給予放寬。

③每一崗位危險和安全的程度，員工需走動的距離，是否可以交叉作業，設備儀器儀錶的複雜程度，需要聽力、視力、觸覺、感覺以及精神集中的程度。

④生產班次、例班及替班的方法。對於多班制的企業單位，需要根據開動的班次計算多班制生產的定員人數。

公式的計算是一種初步核算，為合併崗位和實行兼職作業提供依據。在實際工作中，還應根據計算結果與設備的實際情況重新進行勞動分工，以便最後確定崗位數目。對於單人操縱設備的工作，如天車工、皮帶輸送工等，主要依據設備條件、崗位區域和工作量，實行兼職作業和交叉作業的可能性等因素來確定人數。

⑵工作崗位定員

工作崗位定員適用於有一定崗位，但沒有設備，而又不能實行定額的人員，如檢修工、檢驗工、值班電工、茶爐工、警衛員、清潔工、文件收發員、信訪人員等。

3. 按比例定員

按比例定員是按照與企業和員工總數或某一類人員總數的比例，來計算某類人員的定員人數。由於分工與協作的要求，某一類人員與另一類人員之間總是存在著一定的數量依存關係，並且隨著後者人員的增減而變化。例如炊事員與就餐人數、保育員與入託兒童人數、醫務人員與就診人數等。企業對這些人員定員時，應根據主管部門確定的比例進行。

某類人員的定員人數＝員工總數或某一類人員總數
×定員標準（百分比）

該方法主要適用於企業食堂工作人員、托幼工作人員、衛生保健人員等服務人員的定員。對於企業中非直接生產人員、輔助生產工人、工會，以及某些從事特殊工作的人員，也可採用該方法確定定員人數。

4. 按勞動效率定員

按勞動效率定員是核定各類人員用人數量的基本方法，即制度時間內規定的總工作任務量和各類人員的工作（勞動）效率，公式如下。

某類崗位用人數量＝某類崗位制度時間內日計劃工作任務總量/
某類人員工作（勞動）效率

按勞動效率定員是根據生產任務、工人的勞動效率及出勤率來計算定員人數，計算公式如下。

定員人數＝計劃生產任務總量/(工人勞動效率×出勤率)

其中，

工人勞動效率＝勞動定額×定額完成率

實際上就是根據工作量和勞動定額來計算人員數量的方法。凡是有勞動定額的人員，特別是以手工操作的人員，因為該人員的需求量不受機器設備等其他條件的影響，因此更適合用這種方法來計算定員。

勞動定額的基本形式：工時定額、產量定額

例如：計劃某工廠每輪班生產某產品的產量任務為1000件，每個工人的班產量定額為5件，平均定額完成率預計為125%，出勤率為90%，計算出每班的定員人數。

採用產量定額計算，代入公式，

定員人數＝1000/5×1.25×0.9≈178(人)

採用工時定額計算，班產量定額＝工作時間/工作定額，則工時定額＝8/5(工時/件)，得出公式：

定員人數＝[生產任務量(件)×工時定額]/

[工作班時間×定額完成率×出勤率]

＝(1000×1.6)/(8×1.25×0.9)≈178(人)

計算表明：無論採用產量定額還是工時定額，二者計算結果相同。

15 採用外包方式，有效降低人力成本

要有效地降低人力成本，是從薪資入手還是從費用入手？這要具體情況具體分析，看它們的比例是多大，如果公司的人力成本中八成都是薪資，那麼把培訓費用砍掉也無關緊要。將用於降低人力成本的投入與產出進行比較，從而確定是否採用該方法。我們要綜合考慮人力成本的降低空間，透過比較再進行合理的取捨。

業務外包也稱資源外置、資源外包，它是指企業用其外部最優秀的專業化資源，從而達到降低成本、提高效率、充分發揮自身核心競爭力和增強企業對環境的迅速應變能力的一種管理模式。企業為了獲得比單純利用內部資源更多的競爭優勢，將其非核心業務交由合作企業完成。

業務外包是近幾年發展起來的一種新的經營策略，即企業把內部業務的一部份承包給外部專門機構。其實質是企業重新定位，重新配置企業的各種資源，將資源集中於最能反映企業相對優勢的領域，塑造和發揮企業自己獨特的、難以被其他企業模仿或替代的核心業務，構築自己的競爭優勢，增強使企業持續發展的能力。企業業務外包具有顯著優勢：

第一，業務外包能夠使企業專注於核心業務。企業實施業務外包，可以將非核心業務轉移出去，借助外部資源的優勢來彌補自己的弱勢，從而把主要精力放在企業的核心業務上。根據自身特點，

專門從事某一領域，某一專門業務，從而形成自己的核心競爭力。

第二，業務外包使企業提高資源利用率。實施業務外包，企業將集中資源到核心業務上，而外包專業公司擁有比本企業更有效、更經濟地完成某項業務的技術和知識。業務外包最大限度地發揮了企業有限資源的作用，加速了企業對外部環境的反應能力，強化了企業的敏捷性，有效增強了企業的競爭優勢，提高了企業的競爭水準。

業務外包因能促進企業集中有限的資源和能力專注於自身核心業務，創建和保持長期競爭優勢，並能達到降低成本、保證品質的目的，所以在競爭中日益受到企業重視。

業務外包也是虛擬企業經營採取的主要形式。首先要確定企業的核心競爭優勢，並把企業內部的智慧和資源集中到那些具有核心優勢的項目上，然後將剩餘的其他企業項目外包給最好的專業公司。虛擬企業中的每一團隊，都位於自己價值鏈的「戰略環節」，追求自己核心功能的實現，而把自己的非核心功能虛擬出去。業務外包的虛擬化合作方式，不僅使得企業不同產品生產的成本降低、效率提高，而且還可以推動企業不斷順應不斷變化的市場需求，降低風險，從而營造企業高度彈性化運行的競爭優勢。

任何東西都存在兩面性，有利也有弊，業務外包具備上述優勢的同時，也存在以下問題。

⑴某些崗位員工工作量不飽和但是又無法與其他崗位合併，如清潔工、綠化人員、司機、法律顧問師、售後服務人員等。例如維修人員的工作不飽和，你專門找那麼多售後服務的維修員，在他們身上支付的薪資價值，都有體現出來了嗎？我的冷氣機在 A 市有維

修站，在 B 市也有，所以一天中有多少冷氣機維修是屬於你的呢？如果我有一個維修站，可以接 20 家公司的冷氣機維修售後服務，那麼人力成本就降低了，維修人員的薪資就高了。法律顧問沒必要請那麼多的，跟事務所關聯起來，就可以大大節約人力成本了。

⑵需高薪聘請但是又不能用盡其才的，如人力資源總監、財務審計、廣告策劃、上市公司董事會秘書等。

⑶專業性很強且一時培養困難的，如前瞻性研發人員、課題研發人員、地礦勘探人員、建築設計人員等。

⑷人員需求量大但季節性特徵很明顯的，如促銷員、部份生產工作者、旅遊服務生、假期培訓師等。

16 人力資源管理領域可改為外包型式

人力資源業務外包，是指在現有的人力資源管理人員，不能很好地滿足企業提升人力資源管理水準的高端需求的情況下，企業通過專業機構的指導和協助來尋求解決方案的一種管理方式。

近年來，事務性的人力資源業務外包已經成為企業人事外包的主流。這種人事外包的一個基本前提是：其一，事務性的、繁雜的工作佔據了人力資源工作的大部份時間，使得人力資源管理者無法從瑣碎的工作中抽出時間來考慮與企業發展相適應的人力資源管理的策略性問題，即戰略性人力資源管理問題。其二，最大程度地利用社會資源和社會化的服務，提高企業的管理效率，降低管理成本。

許多企業將事務性的工作外包後，人力資源管理者並不能如企業所期望的那樣，從戰略的高度來開展工作的能力，他們甚至會發出「外包之後我們做什麼」的疑問。導致這一現象的主要原因是：事務性、行政性的人力資源業務外包後，現有的人力資源管理者的素質和能力是否能滿足這種轉變的要求。

核心人力資源業務是否能夠外包以及外包什麼，是企業人力資源管理面臨的一個最主要的問題。一般認為，企業的事務性、行政性的工作，由於不涉及企業的核心機密，影響有限，可以外包。而涉及企業薪酬考核政策、人力資源規劃、職業生涯規劃、人才梯隊建設、企業文化建設等戰略性的、核心的人力資源管理工作不能外包。

實際上，核心人力資源業務是否外包，需要從企業自身的人力資源管理水準、高端人力資源人才的可獲得性、企業培養高端人才的機會成本、第三方機構提供服務的優勢等幾個方面來進行分析。

一、外包內容的選擇

利益永遠與風險結伴而行。顯然，人力資源外包也存在著風險和缺點，選擇適合外包的人力資源活動進行外包，可以減少這種風險和不足。

根據國外許多企業的證明，以下這些人力資源活動適合於外包（如圖 16-1 所示）：

圖 16-1 適合外包的人力資源項目

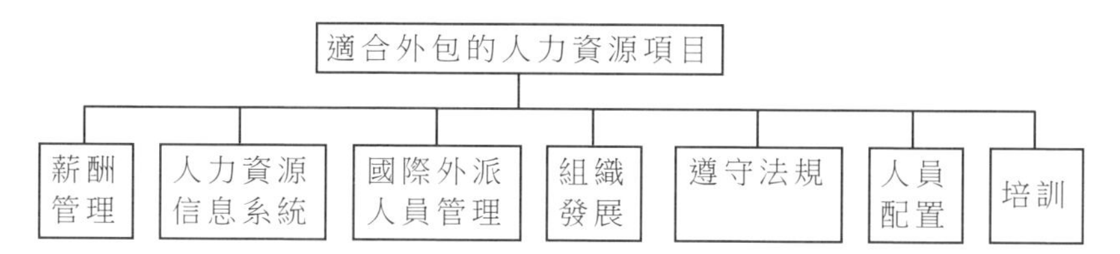

第一，薪酬管理方面。如職位說明書編寫、職位評價、薪資調查、薪資方案設計、對管理人員做薪資方案培訓、薪資發放等。

第二，人力資源信息系統方面。如建立電腦系統和維護技術性人力資源信息系統等。

第三，國際外派人員管理方面。如製作委派成本預算、委派信和有關文件資料；外派人員的薪酬和福利管理；對外派人員及其家屬進行崗前引導培訓等。

第四，組織發展方面。如管理人員繼任計劃設計、向外安置人員、新員工崗前引導培訓等。

第五，遵守勞動法規方面。如向政府有關部門提供各種與僱傭及社會保障相關的數據和報告等。

第六，人員配置方面。如尋求求職者信息，發佈招聘廣告，進行招聘面試、預篩選、測試、求職者背景審查及推薦人調查，開展僱員租賃等。

第七，培訓方面。如技能訓練、基層管理人員培訓、管理人員培訓、安全培訓、團隊建設訓練、電腦培訓等。

而以下人力資源活動則更適合於在企業內部進行(如圖 16-2 所示)：

圖 16-2　適合企業內部進行的人力資源活動

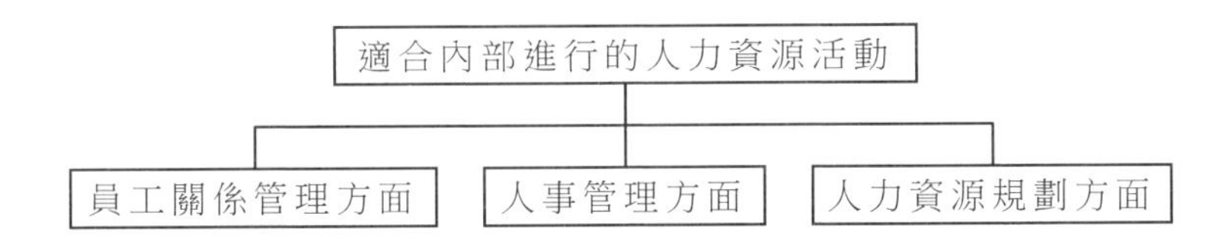

第一，員工關係管理方面。如員工管理指導；仲裁與解決爭端；工作合約談判(可以與律師一起進行)；人員精減；溝通企業人力資源戰略、政策和計劃；員工職業發展管理；工作績效評價等。

第二，人事管理方面。如人事記錄保管、僱員日常狀態變化管理以及非技術性人力資源信息系統維護、現場人事檔案管理等。

第三，人力資源規劃方面。如制定人員增長和擴展計劃、制定人員精簡計劃、制定組織發展計劃等。

二、人力資源職能外包的優缺點

在這些業務外包合作項目中，人力資源管理的業務外包發展相當成熟。首先，眾多頗具規模人力資源公司和專業化機構的建立，為外包服務提供了可能；其次，愈來愈多的企業特別是本地企業的經營理念也越來越傾向於人力資源業務發包。

據調查，企業人力資源核心業務服務佔據整個諮詢服務 26%的市場，而且多年來一直處於諮詢服務的第一位。這表明，目前許多企業採取了人力資源核心業務外包的方式。人力資源外包既有優點也有缺點。企業在考慮採用人力資源外包做法的時候，應當進行綜合權衡，全面考慮。

表 16-1 人力資源職能外包的優點和缺點

<table>
<tr><th>優點</th><th>缺點</th></tr>
<tr><td>在某些情況下，人力資源服務商可以提供企業所需要的服務，而且成本低於目前付給其人力資源部門及工作人員的總成本。</td><td>如果規劃和分析不充分，合約條款不全，外包雙方合作關係基礎不好或維護不力，服務商能力不足，可能導致外包達不到預期目標，甚至給企業造成重大損失。</td></tr>
<tr><td>很多企業沒有資金或者不願花很多錢去購買用於某些人力資源職能管理所需要的電腦硬體和軟體，而將外包作為一種替代大量技術投資的積極方案。</td><td>將人力資源職能外包出去後，企業可能失去對日常人力資源管理活動的控制，以及對員工溝通、互動的某些途徑。</td></tr>
<tr><td rowspan="2">為很多企業提供人力資源外包服務的服務商已經培養出能夠為各種組織管理好各種人力資源職能的人員。而這類人員往往是勞動力市場上短缺的。</td><td>建立外包合作關係的最初階段可能是成本高昂的，初期成本往往會高於目前由企業內部人力資源部開展同類活動的成本。</td></tr>
<tr><td>在將人力資源職能外包出去，尤其是長期外包的情況下，現有部份人力資源工作人員可能會被裁掉，失去工作。</td></tr>
<tr><td rowspan="2">人力資源職能外包通常是企業精簡和兼併的結果，這種精簡和兼併活動還在繼續，不少企業將外包作為企業重組後進行人力資源管理的首選方法。</td><td>如果所選擇的服務商不好的話，可能對內部員工的士氣造成不良影響。</td></tr>
<tr><td rowspan="2">在將嚴格受法律、法規控制的人力資源職能外包的時候，如果不對服務商在開展人力作資源活動過程中的守法狀況進行嚴格控制，企業難以避免有關人力資源活動的訴訟甚至巨額賠償風險。</td></tr>
<tr><td>能夠儘快縮小職能人員預算，迅速影響利潤。</td></tr>
<tr><td rowspan="2">在外包過程中，企業即使還必須對人力活動的合法性加以監控，但還是能減少人員、成本以及法律風險。</td><td>企業必須聘請有經驗的人，如法律人員等作為外包顧問，這也會導致費用增加。</td></tr>
<tr><td>外包可能導致企業內部人力資源部喪失能力。</td></tr>
</table>

三、人力資源外包的原因

促使企業採取人力資源外包的原因，美國管理顧問公司做過一次調查如下：

表 16-2　影響企業人力資源外包政策的因素一覽表

外包的原因	被調查企業的回饋(%)		
	是	不是	還不能斷定
改進成本效益	82%	5%	13%
降低管理成本	75	8	17
利用技術進步/專門知識	82	7	11
改進客戶服務	70	19	11
調整人力資源職能方向	66	15	19
使企業得以聚焦於核心業務	63	21	16
降低企業一般管理費用	82	9	9
提供週密的服務	47	38	15
職員不夠	69	27	4
提高參與者的滿意度	54	27	19
縮短對參與者要求的回應時間	59	29	12
控制法律風險/改進遵守法規的情況	53	39	8
提高適應特殊需要的靈活度	51	38	11
提高準確性	49	41	10
使管理成本更可明確	45	44	11
執行全面品質管理	17	71	12

1. 成本的壓力

人力資源職能歷來被視為重大的成本中心。在企業精簡裁員、組織重構的風潮中，其必然成為降低成本的焦點。雖然很多專家告誡說，不要為節省成本而進行人力資源外包，但是，實際上來自成本的壓力還是成為了大多數企業將人力資源外包的第一原因。由於人力資源專業服務機構能夠同時為多家客戶提供相同的服務，所產生的規模效益能在一定程度上降低單個客戶支付的成本。因此，人力資源活動外包，成為正在努力尋求擺脫巨大成本壓力的企業的必然選擇。

2. 對專家服務的需求

專業服務機構，往往能夠更廣泛地整合專業人力資源，聚集富有專業經驗的專業人員，而這在一般企業，尤其是中小型企業，幾乎是無法做到的。因此，專業服務機構通常能提供專業水準和工作效率更高的服務。

3. 人力資源信息技術的影響

對於單個企業來說，配置人力資源信息系統不僅有成本上的困難，而且在信息系統的管理和維護方面也面臨著資源不足的問題。人力資源外包為企業提供了無須購置便能得到這種技術的途徑。為獲得技術能力而進行人力資源外包是一種工作需要，而且，提升 HRIS 還具有某種重要的戰略意義。例如，在向新的人力資源信息平台轉換的過程中，人力資源部必須重新考慮和設計本部門乃至企業的工作流程。從另一種角度看，人力資源外包提供了另一種獲取人力資源信息技術利益的方式，特別是在強調成本控制的組織文化下更是如此。

4. 人力資源職能部門再造

長期以來，人力資源職能主要糾纏於事務性活動，無法發揮戰略作用，雖然人事部換招牌為人力資源部的初衷在於改變角色，聚焦於為企業的發展戰略服務。為了改變這種狀況，必須徹底改造人力資源部門的結構、流程以及資源配置方式。重新定義的人力資源角色為：變革的推動者，業務部門的合作夥伴，員工關係的維護者。為企業戰略變革實施提供行動方案並組織落實，深入到各個業務單位去提供人力資源諮詢和支援，領導企業文化重建等，成為人力資源職能部門的核心職能。在這種情況下，許多企業力圖通過外包的方式，將人力資源部從繁雜的事務中解脫出來，幫助其擔當起新的角色。

17 業務外包是瘦身常用手冊

面對激烈的競爭環境，一個企業很難具有全面的資源優勢。企業如果把資源分散到各個環節上，必然會造成資源的浪費，不利於迅速建立自己的競爭優勢。而採用外包模式，一方面企業通過集中資源與力量，選擇自己專長的領域，並在該領域形成技術優勢和規模優勢，既充分利用了資源，又有利於建立自己的核心優勢，另一方面外包企業可以突破企業內部資源約束，減少建設核心競爭力的時間成本及風險。

不管是企業還是個人，要想在激烈的市場競爭中獲得持續發展必須揚長避短，仔細分析自己的核心競爭力，選準自己擅長的領域，做自己擅長的事情，才能事半功倍。

企業往往在一個或某幾個領域具有優勢，而企業為完成一項任務往往需要多方面的技術支援。如果企業一意孤行地要求所有業務都由內部完成，則必定會花費更多的人力物力，勢必會增加風險成本，造成人力成本的浪費。

建設一個龐大的商業帝國，擁有熱火朝天的工廠、繁忙的流水線，是多少製造業企業家曾經的夢想。例如，福特希望在他的工廠裏製造所有的零件，並且建立內陸港口，擁有錯綜複雜的鐵路和公路。

然而，如今的製造業似乎變了：康柏只生產 10%的高檔服務器；惠普將所有印表機、電腦和低檔服務器的生產外包；台灣有一家名為大眾的電腦企業，它的生產線一年生產數百萬台筆記本電腦，上面貼著 IBM、康柏、蘋果、惠普、新力、戴爾等幾乎所有著名品牌的標籤;美國偉創力公司年產手機近 1 億部,都是摩托羅拉、愛立信、諾基亞等公司的訂單。

「瘦身」成了時髦，反倒是那些費力打通上下游的企業已經開始後悔了。15 年前，康師傅在國內找不到滿意的麵碗生產商，於是成立了專做麵碗的育新工廠；後來，由於無法忍受包裝袋企業三個月的出貨期，成立了頂正公司；為了解決對脫水蔬菜的大規模需求，又成立了頂芳公司和從事倉儲配送的頂通公司。可如今，這些配套廠相繼出現了產能過剩。

相比之下，統一集團全部採用外包形式，收益率高，而且全然不用背包袱。在消費需求快速變革的時代，單純追求規模的「大而全」只會帶來越來越高的管理成本，小而精才是制勝之道。於是「瘦身」之風已經興起。

企業「瘦身」的常規手段就是業務外包，於是許多外包公司應運而生。

外包公司就是企業做自己最能幹的事情(揚己所長)，把其他的工作外包給能做好這些事情的專業組織(避己之短)。外包業是新近興起的一個行業，它給企業帶來了新的活力。

外包將企業解放出來，以更專注於核心業務。外包合作夥伴給企業帶來知識和技能，增加後備管理時間。在發包商專注於其特長業務時，為其改善產品的整體品質。最近外包協會進行的一項研究顯示，外包協定使發包商節省 9%的成本，而能力與品質則上升了15%。

業務外包(WM)又稱資源外包，它是將一些傳統上由企業內部人員負責的非核心業務，以外加工方式，外包給專業的、高效的服務提供商，以充分利用公司外部最優秀的專業化資源，從而降低成本，提高效率，增強自身的競爭力的一種管理策略。業務外包結束了自給自足的組織模式，把非核心技術的大部份分包給別人，而在核心技術上區別於競爭對手，這已成為全球成功企業的共同做法。

世界已進入了知識經濟時代，工作時代流水線所體現出的企業分工協作已經擴展到企業、行業之間，那種傳統的縱向一體化和自給自足的組織模式可以說不靈了。將公司部份業務或機能委託給外部公司的業務外包，正成為一種重要的商業組織方式和競爭手段。

隨著科學技術的飛速發展，其關鍵資源正由資本轉變為信息、知識和創造力。技術發展日新月異，知識的更新和信息的瞬息萬變，使得企業感到在提高效率、贏得競爭優勢方面比以往面臨更大的壓力。

美、英等國許多大公司都在改變傳統的做法，將那些能夠由供應商完成的事情，儘量由供應商去幹。把充分利用協作企業當成重要的經營戰略。例如，耐克作為世界上最大的運動鞋製造商，卻沒有生產過一雙完整的鞋；波音作為世界上最大的飛機製造公司，自己只生產座艙和翼尖，波音 747 飛機的 450 多萬個零件，大都是由世界上幾十個國家的有關企業提供；通用汽車公司位於世界 500 強之首，仍堅持自己「做整車」的定位，把年營業額高達 200 億美元的生產汽車零配件由 Delphi 公司分離出去。實際上摩托羅拉、諾基亞和高通等世界著名手機生產商，都在進行著比例不等的外包生產，這都是企業為保持其在國際市場上的核心競爭優勢，而採取的生產流程業務外包，優化產業鏈的結果。

業務外包推崇的理念是，如果我們在企業的「價值鏈」中的某一環節上不是世界上最好的，並且也不是自己的核心競爭優勢，同時這種活動不至於把我們與客戶分開，那麼應該把它外包給世界上具有核心競爭優勢的企業去做，這樣有利於企業更多的創造價值。也就是說，首先要確定企業的核心競爭優勢，並把企業內部的智慧和資源集中在那些具有核心競爭優勢的活動上，然後將其餘的業務外包給最好的企業。由於企業的能力與資源多寡各有不同，如今，沒有任何公司可以什麼都自己做而且都做得好的。所以必須集中資源與力量，專攻一個或幾個力所能及或專長的領域，並在該領域形成技術優勢和規模優勢，成為該領域的領頭羊，否則，只有退出該領域，將此業務外包出去。

經濟學中有一個「木桶短板原理」，木桶的最大盛水量不是由組成木桶最長的桶板決定的，而是由最短的桶板決定的，要增加木桶盛水量，必須將短木板加長，企業競爭優勢的決定也符合該原理。企業競爭能力的大小是由所有生產要素中最薄弱的要素決定的，企業要將每個薄弱要素都做到和最好的一樣好是不太可能的，外包就是一種很好的解決方案。它將企業這個「桶」打散，將那些「短板」抽出，由外面的「長板」所替代，獲後再將自己的長木板和外面提供的所有長木板捆綁在一起，這樣，企業的競爭能力就和最長木板決定的容量一樣了。

由於「外包」企業比非「外包」企業減少 2/3 的出務麻煩，使歐美企業「外包」規模年增長率達到 35%。高技術企業，特別是信息技術企業的「外包」比例是最大的，幾乎佔總「外包」的 30%，屬於製造業務的「外包」佔 25%。

心得欄

18 業務外包的利弊分析

企業作業鏈過長、管理層次過多，要素投入難以形成拳頭效應。隨著國內市場的全面開放，如果企業不能利用業務外包加速內部資源整合，以創造核心競爭力，必將在競爭中遭到慘敗。

一、業務過程外包對企業成本管理工作的影響

企業通過業務外包簡化了作業鏈，減少了成本核算的工作量，提高了成本管理的效率。更重要的是通過業務外包，使企業的所有相關成本都顯性化，可根據企業的戰略需要，有效地鎖定成本，提高企業的價格競爭力。

⑴避免了高額的投資成本，化解了投資風險。據報導，美國公司在 1989～1999 年間，僅用於軟體應用的投資就達到 200 萬兆美元，而隨著市場競爭強度的提高，產品的壽命週期愈來愈短，因此對於資金密集型的投資，其回收入風險也愈來愈大，如果選擇業務外包，則可防範此類風險。因為一旦市場需求變化，企業可隨時減少外包業務訂單，而不必擔心會造成生產能力的閒置和固定成本的難以補償。

⑵隨著信息技術的發展，硬體和軟體在不斷升級，如果相關的系統由企業投資建設，則企業要頻繁地為此追加升級費用和人員培

訓費用。通過服務外包，不僅免除了企業反覆為升級進行決策和相關的費用支出，還可以直接享受服務商所提供的升級後的優質服務。

⑶通過業務外包，使企業各責任中心的管理目標更加明確，並使各級經理從龐雜事務中脫身出來，將精力和創造性直接投入到企業的核心業務中，以促進企業的收入增長和利潤增加。

⑷通過業務外包，不僅優化了企業的價值鏈，還有助於企業明確自己的戰略定位，並將資源集中投入到企業的核心業務中，通過持之以恆的創新強化企業核心競爭力，塑造良好的品牌形象，以獲取高端市場的利潤。隨著競爭環境的變化，許多企業已不再追求「大而全」的模式，而是更加強調「小巧精緻」。保留主幹或核心業務，將所有類似於枝權的外輔業務或非核心業務砍掉，外包出去，交由專業的公司打理。

二、業務外包對企業競爭優勢的負面影響

關於外包，有很多企業似乎都疏忽了一點，那就是外包並不表示某項工作的管理結束了，而是意味著另一種管理開始了。這是一種不同的管理，而且往往更艱難。例如，在這一管理模式下，你不是在要求本企業的僱員按質按量地完成工作，而是要讓外面人按質按量地完成工作。既要讓他們高品質完成工作，還不能動用招聘、解聘、升職、獎勵這些熟悉的手段。你可以和承包商去爭吵，或者威脅取代他們，但是一旦他們侵入了你的組織和系統，換掉他們又談何容易？

同樣的，利弊共存，業務外包對企業的競爭優勢有著一定的負面影響。

1. 事前準備過程中的交易成本

在實施業務外包之前，企業必須做一系列的準備工作，例如搜集相關信息、尋找合適的合作對象以及與有關合作對象進行溝通談判等，這些都會產生額外的成本。而這些成本並不一定能被業務外包所帶來的成本節約所補償。因為業務外包策略在將來可能根本就不會被執行。這個階段的成本不會對企業的競爭優勢帶來太大的影響，因為它只是一次性的成本投入。

2. 契約形成過程中的交易成本

一旦企業決定將某項業務外包出去，就要與合作對象進行合約簽訂。契約的簽訂牽涉到今後的利益分配和風險分擔，所以談判雙方都非常重視，談判過程中的成本比較高。企業要麼堅持相對有利於己方的契約條款而同時承受較長的談判過程和較高的談判成本，要麼相反。在這個博弈的過程裏，原來預期是起主要作用的，雙方都不會偏離自己原來的預期太遠，否則談判就會破裂。一般來說，如果企業選擇外包，就會在外包真正實施之前逐步調整內部業務，使得外包實施後能更快地帶來收益。但由於談判後會存在合約最終不能達成的可能性，企業將缺乏調整的動力。同時，出於策略性的考慮，企業不會提前進行大幅度地調整，因為這一調整將給外包服務企業帶來談判的籌碼，企業就會處於不利的地位。因此，企業出於長期競爭優勢的著想，可能採取不作為策略。此時，談判時間長短就不會對企業現有的經營帶來太大的影響，也就會使得企業在談判中至少不處於劣勢。這裏著重分析了雙方利益存在衝突的情況，但由於這種交易更多的是一種合作，作為專業的外包服務企業，業務外包承接方會恰當地為委託企業提供合適的方案。

3.執行監督過程中的交易成本

(1)調整業務時導致的成本

企業決定將業務外包出去，它就要進行相應的調整。調整的幅度越大，成本就會越高，這些成本並非是最關鍵的，最關鍵的是調整幅度過大可能會導致企業流程混亂，從而影響企業原有的競爭優勢。

(2)業務的協調成本

簽訂契約後，做好該項業務需要兩家企業之間的互動，互動導致的成本被稱為協調成本。如果該項業務由企業內部完成，由於內部協調可以通過權威命令來完成，所以成本相對低廉。一旦外包出去，由於該項業務要與企業的整個運營協調起來，需要不同業務、不同部門之間協作配合，加上是兩家企業之間進行協調，成本自然比較高。協調成本對企業的競爭優勢將造成不利的影響。

(3)企業對外包服務企業進行監督所導致的成本

為了使服務企業能夠按照企業要求完成業務，企業需要進行監督。監督成本跟監督難度的高低有關，外包的業務越複雜，監督成本就會越高，業務的標準化越高，監督成本就相對低。當一些業務在外包過程中出了差錯被監督到時，這些差錯對企業最終產品的負面影響就會被消除或者降到最低，這種業務一般是簡單業務。很多業務是在外包過程中無法直接監督的，一般要待到外包服務企業將外包工作成果交由企業進一步應用後才能檢測到。由於信息不對稱，導致監督成本較高。

在某些時候，即使業務外包成果取得了預期的良好效果，也不一定就表明外包服務企業是按照委託企業的要求來做的，也許存在機會主義動機。同樣，即使業務外包的成果不如人意，委託方也不一定將責任全部加於代理方身上，因為可能是非代理因素造成的。當委託方不能區分何種因素真正起了作用的時候，委託企業也只能承受這些損失。

這就是一個不確定性的問題，當出現這種風險可能性越大，企業就越不應該將該項業務外包，因為這種業務的外化會使企業控制風險的能力下降，最終降低企業的競爭優勢。如果該項業務是企業的核心業務，是否將其外包就更要三思而後行了。一旦企業在這類重要業務上遭到挫折，會降低企業短期績效，破壞企業長期發展的穩定態勢，如果企業處於激烈競爭的環境中，更有可能被擠出市場。

三、核心業務不可以外包

甲公司外包製作部門人事管理，以求縮減薪水開支，製作部門總監在無任何具體計劃的條件下，對公司非常重要的、市場上也炙手可熱的 28 名專業技術人員採取了整體外包的方式。結果是員工領取了豐厚的離職金，絕大多數員工又被外包服務商乙公司聘回了甲公司。由此，總監的縮減成本、引進新鮮血液的計劃基本落空，甲公司基本上恢復了原樣，還支付了不菲的離職金。案例顯示，不論是甲公司還是總監個人都有多方面的失誤。

甲公司犯了一個原則性的錯誤，將自己的核心部門進行外包。無論甲公司生產何種產品，無論其製作部門是從事產品設計還是產品包裝設計，該製作部門都可視為其核心部門之一。生產同一產品的企業很多，不同企業生產的同一種產品其功能都一樣，不同的是其外觀造型的設計，或產品包裝的設計上。殊不知，產品的外觀設計還可申請專利保護。尤其這次改革涉及的是28名專業技術人員，他們的技能和知識對於公司運作非常重要，市場上也炙手可熱。現代企業的競爭說到底就是人才的競爭。甲公司將28名專業技術人員外包，無異於將公司的靈魂交給了別人，公司將失去生命力。

外包的出發點是好的，主要就是為了能節約人力成本成本。但是，通過外包他真的做到了這一點嗎？事實上並沒有，他不僅支付了高額的離職金，乙公司還重新把大多數人聘回了甲公司。

那麼，總監的失誤還有那些呢？具體說來，首先是缺乏戰略性的思維。他在毫無行動框架和計劃的情況下，貿然進行外包，對外包的利弊沒有進行透徹的分析。其次是對那些業務可以外包，那些不可以外包，沒有具體瞭解清楚。最後，就是沒有對外包的整個過程和發展的態勢進行有效的回饋、控制。

如果公司確實要對製作部人事進行改革，必須從內部著手。可取的辦法很多，例如，引進競爭機制、嚴格考核措施、建立激勵機制等。如果甲公司製作部門確實超編，例如，只需要15個專業技術人員足矣，公司可進行定編上崗，只給該部門15個上崗編，從原來的28名專業技術人員中考核挑選出15名優秀人員，剩下的13名暫作下崗處理，只領基本薪資。基本薪資不宜太高，應該實行低薪資高獎金制度。同時實行末位淘汰制並不斷引進新的人才，每年對在崗人員進行考核，不稱職者則下。這樣，在崗人員有壓力，下崗人員有機會，員工的積極性提高，公司必定走上良性循環。

如上述，涉及核心競爭力的關鍵業務不能外包，如薪酬管理、核心技術部門等。專業技術人員是先進生產力的代表，也是公司競爭力的源泉。企業在核心競爭力的培育與發展過程中，要對人、物等要素進行整合，缺乏人這一要素，特別是關鍵性的技術人才是無法想像的，一旦把他們外包出去，不僅使公司失去競爭力，而且技術機密也容易洩露出去。

四、業務外包應考慮的因素

企業內部那些業務應該外包呢？企業內部無法勝任的業務需要外包出去，但是還有許多業務是企業內部可以完成的，為什麼也要外包出去呢？企業在開展業務外包時要考慮下面四方面的因素(如圖 18-1 所示)。

圖 18-1　業務外包需考慮的因素

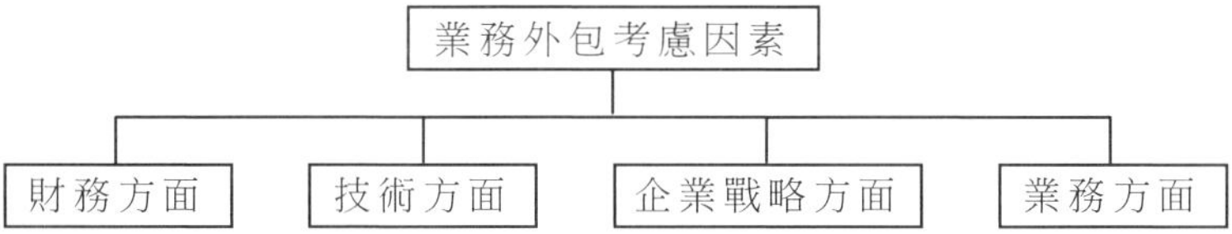

業務外包考慮因素

財務方面　技術方面　企業戰略方面　業務方面

1. 財務方面

財務方面的考慮是選擇外包的主要原因，外包可以削減開支，增強成本控制，同時外包供應商的專業化程度較高，能夠達到規模經濟，因而註定成本更低、效率更高。從經濟學角度上講，能夠增加全社會的財富。

2. 技術方面

外包可以改善技術服務，提供接觸新技術的機會，使企業內部人員能夠更注重核心技術活動。通過業務外包，企業可以將價值鏈中的每個環節都由世界上最好的專業企業完成。例如，澳大利亞的商業信貸銀行在 1997 年與惠普公司簽訂了期限為 5 年、金額 1600 萬美元外包合約，由惠普負責管理維護該銀行的 IT 系統，並將幫助銀行圍繞著銀行業的未來發展趨勢發展同給銀行業務、電子銀行業務、個人銀行業務和商務銀行業務。如果沒有惠普公司介入，單憑銀行內部信息部門的力量是很難達到這一目的的。

3. 企業戰略方面

業務外包既可以使企業特別是大企業能夠適當縮小規模或停留在較小規模上，保持敏捷性，克服由於規模經濟所產生的大企業的常見弱點；又可以提高管理效率，使經營管理者可以從日常事務工作中解脫出來，考慮企業的戰略發展業務。例如微軟公司的技術也是通過業務外包的方式來實現的。

4. 業務方面

業務外包可以讓企業注重核心業務，專注於自己的核心競爭優勢，這也是業務外包的最根本的原因。按照現代管理理論的觀點，任何企業中僅作後勤支持；而不創造營業額的工作都應外包。外包既可以將自己的全部智慧和資源專注於核心業務，又可以獲得更高效率、更低成本的專業化服務，可以從總體上降低企業的運作成本，提高運營效率。同時還可以轉嫁風險。

由於技術成本和複雜性正在增加，技術變化非常迅速而市場又非常容易失去，企業投資於非自身核心競爭優勢的業務領域存在巨大的風險，最好的辦法是將風險轉嫁給外包供應商。

19 調整組織模式

有效的組織模式是確保管理效率的基礎，是企業實現短期經營目標和長期戰略目標的制度平台，即要確定企業要採用什麼樣的組織結構類型。

一、企業組織模式的種類

企業組織架構的模式主要包括：直線職能制、事業部制、模擬分權制、矩陣制、集團公司制、項目制等。其中，最為典型的當數直線職能制、事業部制、模擬分權制和矩陣制模式，而集團公司制在運作方式上與事業部制大體相似，項目制的組織結構有的可以看作一種動態的事業部制，還有的則趨近於矩陣制的組織架構。

1. 事業部式結構

事業部型是通用汽車公司總裁瓦格納提出的，並被稱之為組織管理的一次革命。事業部型是按照產品、地區或者顧客劃分，並依據劃分的結果成為一些獨立的事業部。

事業部的特點是：集中決策，分散經營，風險多元化，反應靈活，權力適當下放，使各事業部有自己的經營自主權。但是它不是法人，不是獨立的公司，不能獨立簽合約，一定要獲得公司的委託才能簽合約。這樣做有什麼好處呢？使事業部有獨立核算的壓力。它本身是利潤中心，自己承擔產品的經營責任。

事業部制特別適合規模大、產品多、市場分散的企業，例如家電企業都實行事業部制。例如洗衣機事業部、電冰箱事業部都是獨立發展的。日本、美國的大企業大部份都實行事業部制。

事業部式結構，有時也稱為產品部式結構或戰略經營單位。通過這種結構可以針對單個產品、服務、產品組合、主要工程或項目、地理分佈、商務或利潤中心來組織事業部(如圖 19-1 所示)。

圖 19-1　事業部式結構

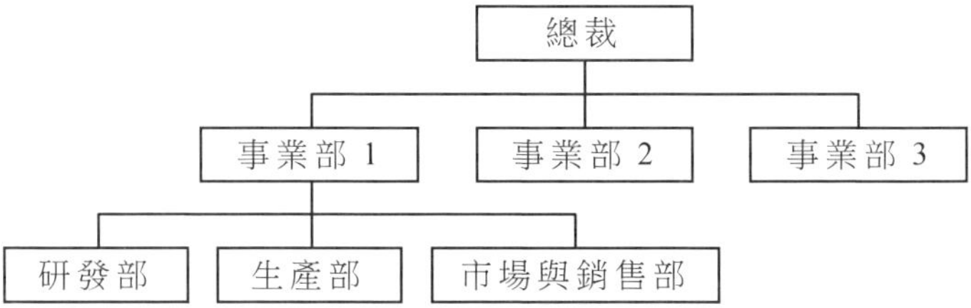

事業部式結構可以重新設計各自分立的產品部，每個部門又包括研發、生產、財務和市場等職能部門，各個產品部內跨職能的協調增強了。

事業部式結構鼓勵靈活性和變革，因為每個組織單元(即事業部)變得更小，更能夠適應環境的需要。

此外，事業部式結構實行決策分權，因為權力在較低(事業部)

的層級聚合。與之相反，在一個涉及各個部門的問題得到解決之前，職能式結構總是將決策推向組織的高層。

2. 直線職能式結構

在直線職能式結構中，組織中每一位管理者對其直接下屬有直接職權，組織中每一個人只能向一位直接上級報告，即「一個人，一個頭」(如圖 19-2 所示)。管理者在其管轄的範圍內，有絕對的職權或完全的職權。

圖 19-2　直線職能式結構

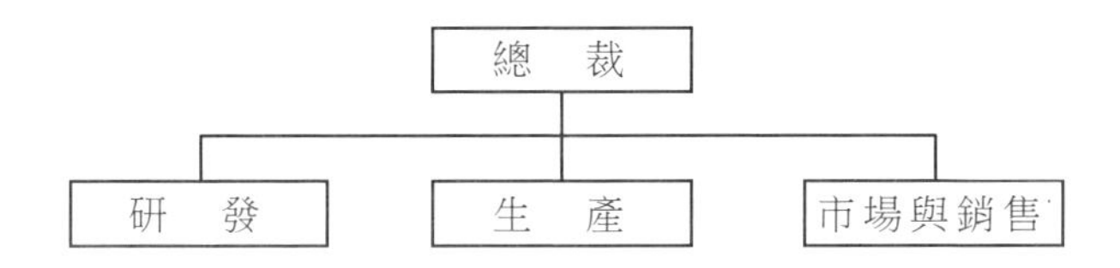

在直線型組織結構中，上下級職權關係貫穿於組織的最高層到最低層，從而形成指揮鏈的組織結構形成。在直線型的組織結構中，管理者的職責與職權直接對應著組織目標。例如比較小的企業不再設諸多部門，領導直接管理。

直線職能式結構的優點是：權力集中，責任分明，命令統一，控制嚴密，信息交流少。所以，適用於勞動密集、機械化程度比較高、規模較小的企業。

直線職能式結構的缺點是：它要求負責人通曉多種知識和技能，親自處理各種業務。這在業務比較複雜、企業規模比較大的情況下，把所有管理職能都集中到最高主管一人身上，顯然是難以勝任的。

3. 類比分權制結構

許多結構並不是以單純的職能式、事業部式的形式真正存在。一個組合的結構可能會同時強調產品和職能，或產品和區域。類比分權制結構是介於直線職能制和事業部制之間的結構形式(如圖19-3所示)。

圖 19-3　類比分權制結構

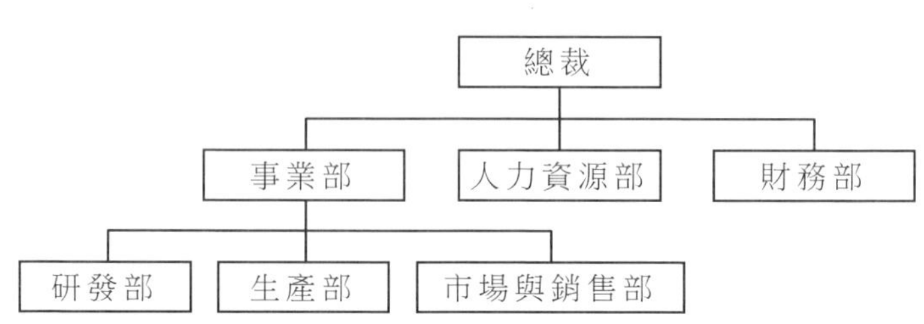

許多大型企業，如連續生產的鋼鐵、化工企業由於產品品種或生產技術過程所限，難以分解成幾個獨立的事業部。又由於企業的規模龐大，以致高層管理者感到採用其他組織形態都不容易管理，這時就出現了類比分權組織結構形式。

所謂模擬，就是要模擬事業部制的獨立經營，單獨核算，而不是真正的事業部，實際上是一個「生產單位」。這些生產單位有自己的職能機構，享有盡可能大的自主權，負有「模擬性」的盈虧責任，目的是要激發他們的生產經營積極性，達到改善企業生產經營管理的目的。需要指出的是，各生產單位由於生產上的連續性，很難將它們截然分開，就以連續生產的石油化工為例，甲單位生產出來的「產品」直接就成為乙生產單位的原料，這當中無需停頓和中轉。因此，它們之間的經濟核算，只能依據企業內部的價格，而不是市場價格，也就是說這些生產單位沒有自己獨立的外部市場，這也是與事業部的差別所在。

當前，許多公司按照模擬分權化原則，組成三個事業部門。一個是負責研究發展，另兩個為行銷部門與製造部門，此兩個部門都要各負其盈虧之責。

對於大型材料工業，要解決有關組織結構上的問題，這種模擬分權化是唯一可用的組織原則。

4. 矩陣式結構

矩陣式結構的獨特之處在於事業部式結構和職能式結構（橫向和縱向）的同時實現（如圖 19-4 所示）。

圖 19-4　矩陣式結構

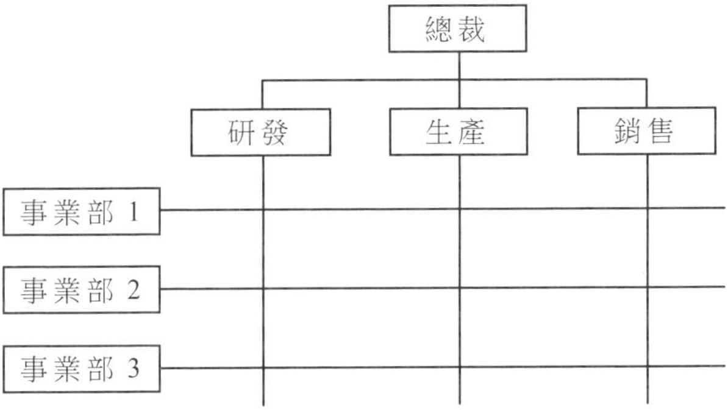

總裁

研發　生產　銷售

事業部 1

事業部 2

事業部 3

與類比分權制結構將組織分成獨立的部門不同，矩陣式結構的產品經理和職能經理在組織中擁有同樣的職權，僱員向兩者負責報告。

它的特點表現在圍繞某項專門任務成立跨職能部門的專門機構上，例如組成一個專門的產品（項目）小組去從事新產品開發工作，在研究、設計、試驗、製造各個不同階段，由有關部門派人參加，力圖做到條塊結合，以協調有關部門的活動，保證任務的完成。

這種組織結構形式是固定的，人員卻是變動的，需要誰，誰就來，任務完成後就可以離開。項目小組和負責人也是臨時組織和委任的。任務完成後就解散，有關人員回原單位工作。因此，這種組織結構非常適用於橫向協作和攻關項目。

當環境一方面要求專業技術知識，另一方面又要求每個產品線能快速做出變化時，就可以採用矩陣式結構。當職能式、事業部式或類比分權制結構均不能很好地整合橫向的聯繫機制時，矩陣式結構常常是解決問題的答案。

二、不同組織模式的選擇

企業面對不同的組織模型，不知如何選擇；設計了看似完美的組織結構，卻難以實施；僅僅改頭換面，換湯不換藥。

企業選擇何種組織結構類型，主要取決於其戰略、業務規模、產品的差異性程度、管理的複雜性與難度等方面(如表 19-1 所示)。

表 19-1 不同組織模式的優劣比較

	直線職能式	事業部式	模擬分權式	矩陣式
優勢	1. 鼓勵部門內規模經歷 2. 促進深層次技能提高； 3. 促進組織實現職能目標 4. 在小到中型規模中最優 5. 一種或少數幾種產品時最優	1. 適應不穩定環境下的高度變化 2. 由於清晰的產品責任和聯繫環節從而實現顧客滿意 3. 跨職能的高度協調 4. 使各分部適應不同的產品、地區和顧客 5. 在產品較多的大公司中效果最好	1. 使組織在事業部內獲得適應性和協調，在核心職能部門內實現效率 2. 公司和事業部目標更好的一致性效果 3. 獲得產品線內和產品線之間的協調	1. 獲得適應環境雙重要求所必需的協作 2. 產品間實現人力資源的彈性共用 3. 適於在不確定環境中進行複雜的決策和經常性的變革 4. 為職能和生產技能改進提供了機會 5. 在擁有多重產品的中等組織中效果最佳
劣勢	1. 對外界環境變化反應較慢 2. 可能引起高層決策堆積、層級超負荷 3. 導致部門間缺少橫向協調 4. 導致缺乏創新 5. 對組織目標的認識有限	1. 失去了職能部門內部的規模經濟 2. 導致產品線之間缺乏協調 3. 失去了深度競爭和技術專門化 4. 產品線間的整合與標準化變得困難	1. 不易為類比的生產單位明確任務，造成考核上的困難 2. 導致事業部和公司部門問的衝突	1. 導致員工捲入雙重職權之中，降低人員的積極性並使之迷惑 2. 意味著員工需要良好的人際關係技能和全面的培訓 3. 耗費時間，包括經常的會議和衝突解決 4. 除非員工理解這種模式，並採用一種大學式的而非縱向的關係 5. 來自於環境的雙重壓力以維持權力平衡
使用範圍	被大多數企業採用。	要求具有較強適應性，它適用於規模龐大，品種繁多，技術複雜的大型企業，是國外較大的聯合公司所採用的一種組織形式，近幾年一些大型企業集團或公司也引進了這種組織結構形式。	因在今天的經濟及社會的領域中，要以制程工業和民間及政府服務機構，成長最快，而這些機構應用類比分權化組織的可能性非常大。	大型企業的臨時組織，臨時工程、項目。企業可用來完成涉及面廣的、臨時性的、複雜的重大工程項目或管理改革任務。特別適用於以開發與實驗為主的單位，例如科學研究，尤其是應用性研究單位等。

三、選擇企業組織模式

企業需要根據自身的戰略與運營策略，規劃出新的組織結構。從戰略的角度出發，如果企業的戰略期望是整個組織具有更高的一致性，那麼在組織結構的設計上往往會更多地強調集權，結構特徵體現為控制跨度小、眾多的層級和職能型的結構；如果戰略是要快速適應變化或複雜的環境或是更積極地回應市場，那麼組織結構的設計會趨向於分權，以扁平的組織結構和以地理、產品或是市場區域的業務單位式結構來適應戰略。從企業的運營策略角度出發，會產生以下三種典型的選擇。

1. 強調技術創新

這種策略下，企業期望具有極強的創新能力，能開發出市場上領先、沒有的產品，那麼企業在業務、組織結構和管理流程上的設置必然要求企業能快速應變，靈活機動並不惜代價在各方面如組織結構、流程、授權、信息分享等具有很高的效率與回應速度，以便加速新產品的上市，從而在組織結構體現出以下特徵：

(1)圍繞產品類別靈活改變組織結構，組織結構扁平、鬆散，可以隨時重新組合(如項目組)以支援新技術的開發；

(2)產品設計和市場行銷人員共同協作，以確保產品、技術的市場化；

(3)業務專家部門作為後援組織服務於整個企業，例如技術支援中心。

2. 強調以客戶為中心

強調以客戶為中心，提供最佳的解決方案。這種策略下，企業通常是從客戶的長遠價值出發考慮運作，對不同行業客戶需求有專業和深度的瞭解，能根據客戶需求改造和組合服務與產品，能夠具備建立關係，培植緊密關係，深入理解客戶需求並長期向客戶提供服務和產品的能力。

通常情況下要求員工技能多元化，適應性強，從而能靈活處理並滿足客戶的需求。通常的組織結構特徵表現為：

⑴建立臨時性的項目組，並被派到供應商或客戶處工作；

⑵企業會重點關注重要客戶，經常按照客戶的行業來劃分銷售組織，並建立全國級和跨國級客戶組織服務大型客戶；

⑶提供寬廣的產品選擇範圍並為多個客戶細分定制產品；

⑷通過合併的銷售和服務組來確保減少客戶回應時間，為客戶提供專門的快速服務。

3. 企業運營策略以成本為核心

在這種策略下，企業關注的是運作過程的標準化、簡單化，強調高度的控制和集中計劃，從而使各個層面的隨機決策率降到最低。但同時管理層必須具備良好的決策能力，選擇少量的產品類別集中投入，以低成本價格優勢組織大規模銷售。這種類型的組織結構往往體現以下特徵：

⑴企業關注端到端的流程設計與優化，建立簡單、標準的流程；

⑵企業重視強化內部審計功能；

⑶成立獨立部門關注於運營標準的建立和維護；

⑷服務性的部門往往會貼近客戶並提供便利的服務。

當然，企業組織結構還受到業務種類、數量和地區分佈的影響。當業務種類和數量越多，地區分佈越廣，組織更多地會考慮分權，組織結構更多地採用產品、事業部甚至是子公司（集團）的結構形式。反之，則更多地強調集權，採取直線職能的可能性越大。

四、修正組織模式措施

從人力成本出發，在做組織架構的時候，為了提高管理效能，控制運營成本，可以適當地參考以下幾個具體的措施。

1. 適當擴大管理跨度

在構建組織架構的時候，對於管理層的人員，要考慮是不是可以適當擴大管理跨度，保持在 7～8 人，不低於 5 人。

在某些企業裏面，一些管理人員處於管理幅度下，只管理一個下級人員，這是一種人力成本的浪費現象。

從表 19-2 中，列舉了企業內不同管理層管理的適當跨度，這是人力成本的最優化，這些數字是涵蓋數，因為一個人管的人數保持在 7～8 人，那麼他至少可以花一半的工作時間處理自己應該要做的事情。例如，一個研發部的經理，直接管 5 個工程師，那麼還可以有大量的時間去做研發工作。

如果管理的跨度過小，便會出現空閒時間，這是浪費，如果管理的跨度過大，那麼花在管理的時間便會超出該管理人員的正常工作時間，影響工作情緒和工作效率。所以，從人力成本系統來看，當我們要假設一個企業的組織架構，可以考慮適當擴大管理跨度，保持在 7～8 人，不低於 5 人的幅度。

表 19-2　管理跨度示例

職務	總經理	系統副總	部門經理	生產主管	工廠班長
直接部屬	副總、總監、經理	總監、經理、主管	主管、專員	班組長、輔助人員	操作工
部署人數	5～8	4～8	6～9	6～10	10～50
工作側重	謀劃、督導	謀劃、貫徹、督導	貫徹、督導、作業	執行、督導	執行、督導

2. 兼任原則

從人力成本最優化的角度來看，如果企業內或者部門人數不夠，可以由上級同時兼任下屬崗位，務必令副職兼任至少一個具體的崗位。

案例中這個單位，如果在構建組織架構的時候，可以採取兼任的原則，因為副處長的工作處於不飽和的狀態，根據人力成本最大化的原則，可以讓正處長接手副處長的工作，減少設置副處長的職務。這樣做的話，可以大大地減少無效成本。

另外，務必令副職兼任至少一個具體的崗位，就是說副職除了要處理日常的管理工作，還可以兼任副職以下的一個具體崗位的工作。例如銷售副經理，除了制定銷售計劃等管理工作外，還兼任市場銷售的工作，這樣也可以減少無效成本。

3. 精簡崗位設置

在崗位的設置問題上，提倡儘量少設助理、秘書一類的崗位。不是要求完全取消這些崗位，而是當某職位的工作量並沒有達到飽和狀態，不是處於非聘請助理或秘書幫忙處理工作瑣事的時候，就儘量少設這一類職務。

有一些公司裏面有總經理助理，有副總經理助理，有經理助理那也罷了，甚至有主管助理甚至班長助理。這些助理具體是幹什麼的呢？助理主要是收發文件和打字。開會的時候，經理在組織工作，要求助理在旁邊記錄會議的內容，會議結束後，會議記錄交給經理簽字。

其實，這些工作完全可以免掉，因為經理一邊組織會議，還可以一邊記錄工作內容，畢竟會議是經理自己主持的，沒有其他人比他更瞭解會議的重點。如果會議並不是經理主持的，那樣也可以讓這個會議的主持人記錄會議的重點。這樣的話，助理或秘書一類的職務其實是可以少設置的。這也是從組織架構出發，降低人力成本的有效方法。

五、組織架構更新設計，降低人力成本

如果企業人力成本已經出現居高不下的局面，甚至到了影響企業運行的程度了，這個時候「頭痛醫頭腳痛醫腳」，也未嘗不是一個辦法，很多時候甚至能夠取得非常直接的效果。

人力資源效率的提升和人力成本的降低，是一個系統工程，不是做一點事情就能起到很好效果的，但起碼我們要樹立一個概念：從細節入手，從分析入手，從數據調查入手，才好去做。

組織結構設計，是透過對組織資源(如人力資源)的整合和優化，確立企業某一階段的最合理的管控模式，實現組織資源價值最大化和組織績效最大化。狹義地、通俗地說，也就是在人員有限的

情況下透過組織結構設計提高組織的執行力和戰鬥力。企業的組織結構設計就是這樣一項工作，在企業的組織中，對構成企業組織的各要素進行排列、組合，明確管理層次，分清各部門、各崗位之間的職責和相互協作關係，並使其在企業的戰略目標過程中，獲得最佳的工作業績。

從最新的觀念來看，企業的組織結構設計實質上是一個組織變革的過程，它是把企業的任務、流程、權力和責任重新進行有效組合和協調的一種活動。根據時代和市場的變化，進行組織結構設計或組織結構變革（再設計）的結果是大幅度提高企業的運行效率和經濟效益。

創建柔性靈活的組織，動態地反映外在環境變化的要求，並在組織成長過程中，有效地積集新的組織資源，同時協調好組織中部門與部門之間的關係，人員與任務間的關係，使員工明確自己在組織中應有的權力和應承擔的責任，有效地保證組織活動的開展。

採用事業部制的架構，是以各個業務發展為導向來做細產品的，而不是以成本為導向。這時就要承受犧牲成本的代價，這個成本不僅僅是指人力成本，還包括製造成本、銷售成本，但好處就是能把每一個產品都做細。

現在的組織架構調整，也不妨礙把每一個產品做細的戰略實施，事業部的銷售職能並沒有合併。如果銷售部也合併了，就不能實現公司把每一個產品做細的戰略目標了。所以，要把不同產品的銷售繼續分開，而把研發與銷售放在一起，因為研發的定位來源於市場，客戶的需要就是產品研發的依據，尤其是在這個差異化、個性化的時代。

人力成本的降低要從系統和架構上去思考，減人首先是減崗位，要減崗位首先需要削減不必要的職能，減掉不必要的流程和部門，而不能把人力成本的降低僅僅看作是某個人的薪資減少。

組織架構上的改革可以使人力資本一下子降低很多，效果非常明顯。原有的 47 個左右相當於主任級的中層幹部現在取消了，職能合併了，成本當然會下降。那如果一個人都不少，卻硬是要降低人力成本，那麼薪資必然要降低，這是誰都不願意發生的事。

20 改善業務流程

流程優化能為企業帶來那些方面的好處？在管理學者一致的理解中，流程優化可以帶來以下四個方面的好處：

· 改善工作效率；

· 提高市場佔有率；

· 保證利潤的增長；

· 以及提升投資報酬率。

最直接可見的變化在於成本利用程度，無論是單位工作成本還是投資成本，流程優化皆可提高成本利用程度。

以流程為導向能夠創造競爭優勢，已經被大量企業證明是卓有成效的模式。產品仍然可以作為主要競爭工具，但只有很短的生命週期，而流程卻具有延續性。因而，流程重組及優化，是一個不能忽視的策略。

流程優化不僅僅指做正確的事，還包括如何正確地做這些事。流程優化是一項策略，透過不斷發展、完善、優化業務流程保持企業的競爭優勢。在流程的設計和實施過程中，要對流程進行不斷的改進，以期取得最佳的效果。對現有工作流程的梳理、完善和改進的過程，稱為流程的優化。對流程的優化，不論是對流程整體的優化還是對其中部份的改進，如減少環節、改變時序，都是以提高工作品質、提高工作效率、降低成本、降低勞動強度、節約能耗、保證安全生產、減少污染等為目的。流程優化要圍繞優化對象要達到的目標進行；在現有的基礎上，提出改進後的實施方案，並對其作出評價；針對評價中發現的問題，再次進行改進，直至滿意後開始試行，正式實施。

平常要做飯的話，就需要淘米、燒飯、洗菜、切菜、炒菜、就餐，從淘米到就餐，按照每個步驟所花的時間，簡單相加，做一頓飯所需的時間是 43 分鐘。然而，如果我們對做飯的流程進行優化：

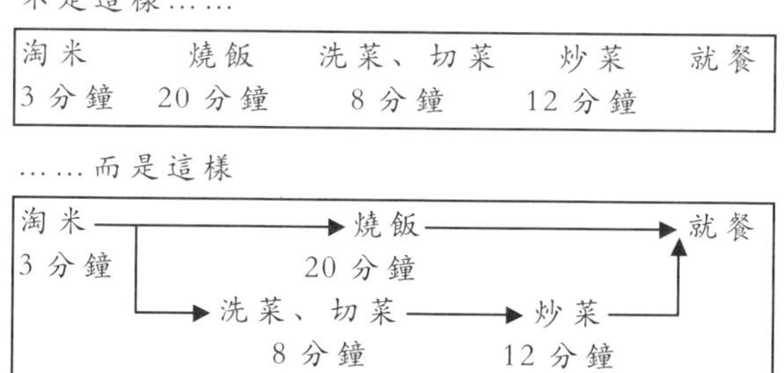

通過流程的優化，在燒飯的同時，也進行洗菜、切菜和炒

菜的流程，那麼，在品質和成本不變的情況下，流程的時間縮短到了 23 分鐘，效率也隨之提高，人力成本率便提高了。

金融危機席捲了全球。為了應對危機，許多企業根據自身現狀採取了企業轉型、裁員、降薪等措施，以使自己「順利度過」這個嚴冬。

但其實金融危機只是一些企業陷入困境的導火索，並非根本原因。即使不發生金融危機，國內一些企業仍會面臨重重困難。原因很簡單，流程繁瑣，效率低下，成本過高，品質不過關，因而缺乏市場競爭力。

因此，如何提高效率、減少浪費、降低成本，將成為許多企業管理的重點，而優化流程則是達到這一管理效果的一個重要手段。

流程優化不僅僅指做正確的事，還包括如何正確地做這些事。流程優化是一項策略，通過不斷發展、完善、優化業務流程保持企業的競爭優勢。在流程的設計和實施過程中，要對流程進行不斷地改進，以期取得最佳的效果。對現有工作流程的梳理、完善和改進的過程，稱為流程的優化。

對流程的優化，不論是對流程整體的優化還是對其中部份的改進，如減少環節、改變時序，都是以提高工作品質、提高工作效率、降低勞動強度、降低人力成本等為目的。

「流程是否增值」是流程優化必須始終關注的一個基本準則。所有企業的最終目的都應該是為了提升顧客在價值鏈上的價值分配。重新設計新的流程以替代原有流程的根本目的，就是為了以一種新的結構方式為顧客提供這種價值的增加，及其價值增加的程度。反映到具體的流程設計上，就是盡一切可能減少流程中非增值活動，調整流程中的核心增值活動。

流程優化的基本原則及有效策略，就是 ESIA：即清除(Elimi-nate)、簡化(Simply)、整合(Integrate)、自動化(Automate)。

流程優化的策略有那些呢？

1. 清除無附加值的環節

清除(Eliminate)，指對組織內現有流程中非必要非增值活動予以清除，刪除無附加價值的步驟(如圖 20-1 所示)。

圖 20-1　流程清除

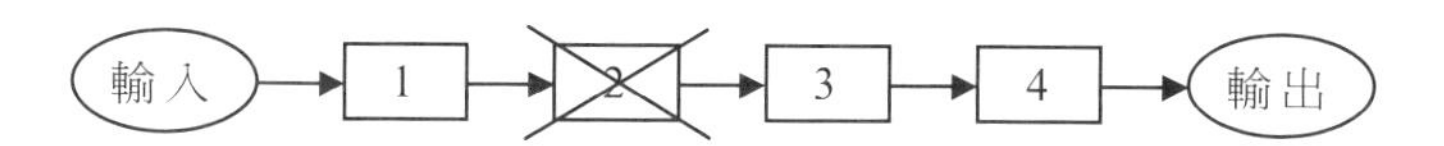

企業圍繞價值鏈所進行的所有活動，真正增值的作業成本所佔比例小於 30%，真正增值的作業的週期時間佔總週期時間小於 5%。無效活動首先要予以清除。例如，等待時間，由於上一個環節總是不到位，出現等待時間，就等於人力資源的虛耗，這就是一種浪費，必須清除；故障、缺陷和失誤，由於失誤，在工作中產生了殘次品，就是對員工之前勞動量的浪費，必須清除；重覆性勞動，單位中有時會存在因人設事或重覆性的勞動，這些都是要堅決清除的。

在我們對流程進行評估時，可以考慮「對產品/服務必需嗎？」「對顧客有貢獻嗎？」「對業務功能有貢獻嗎？」區分出那些流程是屬於真正的增值流程和非增值流程(如圖 20-2 所示)。

在人力成本系統中，剔除或減少非增值活流程動可以大幅度降低組織的運營成本，提高流程效率，從而提升對內外部客戶反應速度。同時，清除非增值流程活動，實際上是對崗位架設系統的又一次重組，減少不必要的崗位，也是從正向降低了人力成本。

圖 20-2　增值評估的模型

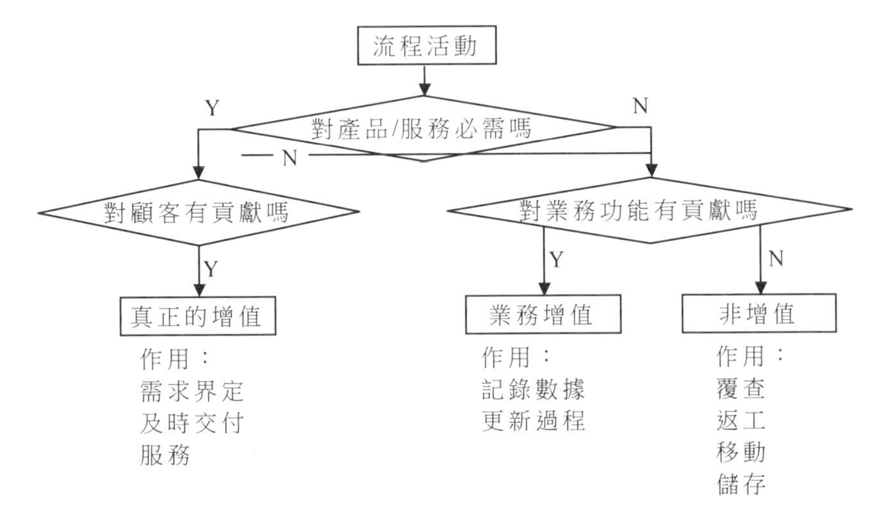

2. 簡化

簡化(Simply)，就是清除了非增值的活動後，對剩下的流程活動進行簡化，即簡化溝通環節、表現形式和報表格式等，從而降低管理成本(如圖 20-3 所示)。這種簡化是對工作內容和處理環節本身的簡化。

圖 20-3　流程簡化

輸入 → 1 → 3 → 4 → 輸出

對流程進行簡化，優化組織內部過於複雜的表格、過於複雜的技術系統、過於專業化分工的程序、缺乏優化的物流系統及複雜的溝通形式，使各種流程活動更加簡捷，快速有效，可參考圖 20-4 所示的流程簡化要求進行。

圖 20-4　流程簡化要求

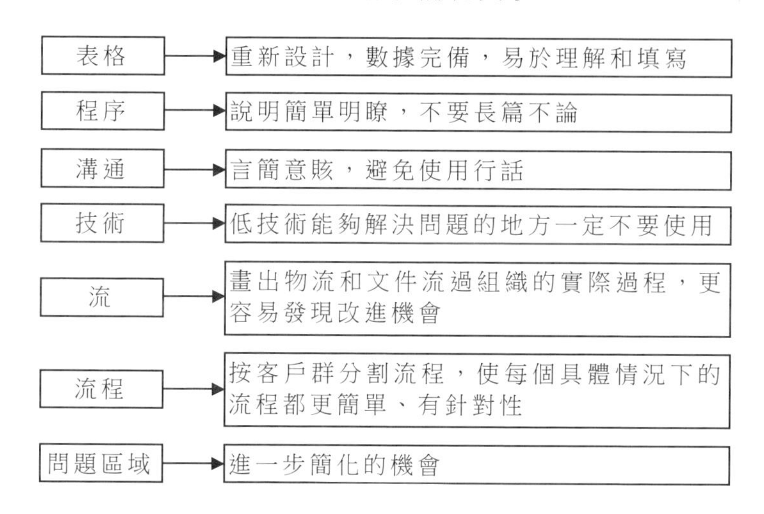

3. 整合

整合(Integrate)，如工作環節不能清除和簡化，可進而研究能否整合(如圖 20-5 所示)。為了做好一項工作，自然要有分工和合作，分工的目的，或是由於專業需要，為了提高工作效率；或是因工作量超過某些人員所能承受的負擔。如果不是這樣，就需要對流程某些活動進行整合。有時為了提高效率、簡化工作甚至不必過多地考慮專業分工，而且特別需要考慮保持滿負荷工作。

整合又包括水平整合和垂直整合。水平整合就是將原來許多分散在各不同部門的相關工作，整合或壓縮成為一個完整的工作，或將分散的資源集中，而由一個人、一個小組或一個組織負責運作。這樣，不但可以減少不必要的溝通協商，亦能提供顧客單一的接觸點(單接觸點及平行作業)。

圖 20-5　流程整合

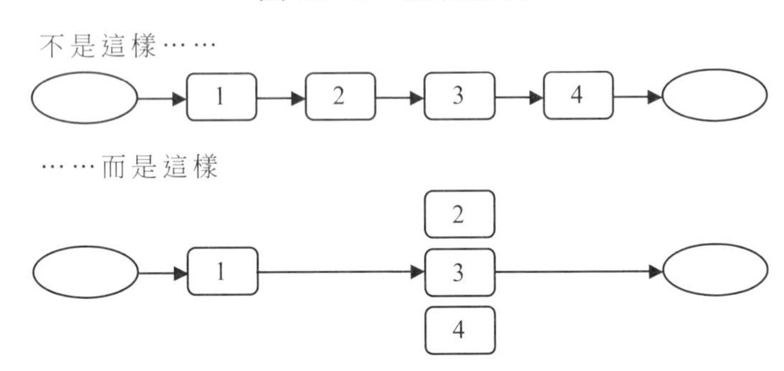

垂直整合是適當給予員工授權及必要的資訊，減少不必要的監督及控制，使一線的工作能立即由執行人員或單位當場解決，而不必向上級請示(組織架構扁平化)。

通過對流程活動按照合理的邏輯重排順序，或者在改變其他要素順序後，重新安排工作順序和步驟可以使作業更有條理。

例如，盡可能使同一個人完成一項完整的工作或讓同一崗位承擔多項工作，這樣不但提高員工的工作積極性和成就感，同時也為實現對員工的績效評估提供可衡量的依據。通過對流程中任務的整合減少工作任務的交接次數、流程節點的等待時間，從而大大減少流程運營中的差錯機會和扯皮現象，達到提升流程效率的目的。

4. 自動化

自動化(Automate)，指在清除、簡化、整合的基礎上，作業流程的自動化。自動化就是要用自動化的設施來代替手工的操作，從而提高整個流程的效率和準確度(如圖 20-6 所示)。

圖 20-6 流程目動化

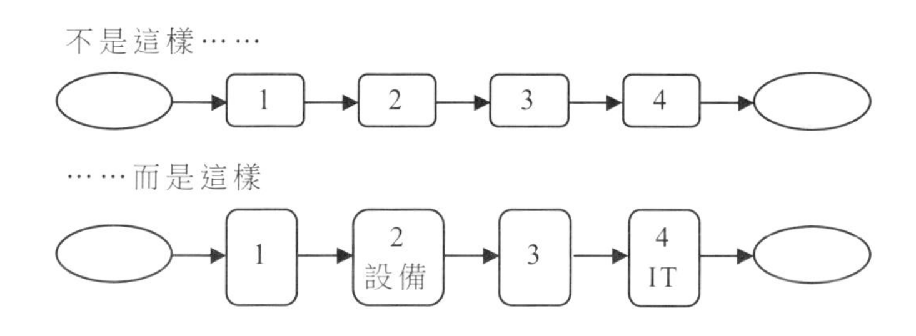

自動化技術通過實現生產裝置的安全平穩運行和優化操作，使生產計劃高效地實施，達到降耗增效獲取最大經濟效益的目的。流程工業存在能耗高、成本高、工作生產率低、資源利用率低的特點，能耗普遍比國外先進水準高出 30%，工作生產率只及國外的 20%～30%左右。生產率的低下，帶來的是人力資源利用率不高，間接帶來了人力成本率的低下。

據美國 ARC 公司調查，應用流程工業綜合自動化技術可獲得顯著的經濟效益，如產品品質提高 19.2%，工作生產率提高 13.5%，產量提高 1.5%。在產品品質、工作生產率和產量都提高的情況下，帶來的最直接利益便是利潤的增加，即使在人力成本不變的情況下，利潤的提高，人力成本率也就降下去。

企業可以對其中髒、累、險以及乏味的工作或流程及數據的採集與傳輸等工作實施系統改造，實現此類流程或任務的自動化。這樣不但大大減少流程差錯機會、提升流程效率，同時還可以達到降低人力成本的目的。

表 20-1 流程優化的四大策略

工具	清除	簡化	整合	自動化
對象	過量生產	表格	工作	污染大的活動
	等待時間	程序	團隊	難度大的活動
	運輸	溝通	顧客	危險性大的活動
	加工	技術	供應商	乏味工作
	庫存	流		數據採集
	缺陷/失誤	流程		數據傳送
	重覆	問題區域		數據分析
	格式轉換			
	檢驗			
	協調			

心得欄

21 企業要提高員工的生產效率

企業如何才能提高員工的生產效率呢？可以從以下幾個方面著手。

1. 培訓是最好的投資

很多企業認為只要員工掌握了基本的生產技能就可以了，不需要再做任何培訓。為什麼會這樣呢？主要有這樣的擔心：①要花費大量的錢，是否能收到效果還不一定；②員工在學會了一定的技能後會跳槽，甚至會到競爭對手那裏；③生產一線的員工如同流水一般，更替的速度很快，如果給他們做培訓，就是在為他人做嫁衣，沒有必要進行專門的培訓。

其實，如果換個角度看，結果就不一樣了。無論員工去留與否，只要企業擁有一個足夠發展的空間，擁有一個適合員工發展的平台，提供足夠多的培訓機會，擁有能滿足員工需求的因素，就一定能留住優秀人才。

培訓貴，不培訓更貴。如果員工沒有接受相關的培訓，犯錯誤的機會就會增加，而錯誤的成本通常比培訓的成本更大。

2. 發掘員工的潛能

每個人的潛能都是無窮的，可以用「冰山理論」來描述，尚未開發的潛能就好比冰面下的巨大部份。只要將人的潛能充分挖掘出來，每個人都能創造巨大的財富。曾有人說人腦的開發通常不足

10%，尚有巨大的開發空間，這個數字正確與否且不去討論，但只要通過學習、思考，每個人都會取得很大的進步。

3. 建立有效的激勵機制

激勵機制是企業留人的基礎，那麼企業需要建立什麼樣的激勵機制呢？

⑴確立以利益為核心的激勵機制。在當今人力資源管理中，物質激勵仍是最重要的手段之一，這就要求企業改善薪酬制度，使其具有激勵功能。

⑵對人力資本的權利與地位進行激勵。員工是企業的上帝，企業要尊重每一位員工，培養每一位員工的忠誠度。企業不應把員工當成廉價的勞力，也不能因為員工的流動性非常大而不關心他們。如果員工願意全心為企業的成長、進步而努力，企業就應該提供更多的促進員工成長、進步的機會，重視其職業生涯發展規劃，如不斷為員工提供培訓教育的機會、擴展其知識技能、全面提升其素質等。

⑶建立人力資本的企業文化激勵。企業文化是一家企業由其價值觀、信念、儀式、符號、處事方式等組成的特有的文化形象，它對人才的成長和影響起著巨大的作用。具體表現為：對員工人格的真正尊重；強調以人為本，重視溝通與協調工作；促進競爭與合作，個性化與團隊精神相結合；創造以創新為特徵的寬鬆的企業氣氛等。

4. 鼓勵員工創新

如今，隨著時代的發展，各方面都在呼喚創造性人才，各種類型具有創新思維和創造能力的人將在社會發展中起主導作用。創新成為企業進步的靈魂，因此企業要鼓勵員工創新。

員工在解決問題方面所擁有的自主權能有效地激發他們的內在動機，使他們產生對企業的歸屬感，並使他們能最大限度地利用所掌握的專業知識、技術和創造性思維的能力。因此，企業要為員工設置明確而穩定的工作目標，同時為其提供進行創新活動所需要的資源，如資金、物質上的支持等。

5. 人力成本需要全員參與並持續改善

人力成本的節省，是一個全員參與的過程，是一個持續不斷的改善過程，是員工與企業共用利益的過程。

22 企業要推行標準作業程序

企業都會有自己的政策、標準。其實，有一套制度、規章、做事的程序，統統叫做標準。而我們通常所說的標準化，是指在一定的範圍內獲得最佳秩序，對實際的或潛在的問題制定共同的和重覆使用的規則的活動。實施標準化的目的是通過制定、發佈和實施標準，達到統一，從而獲得最佳秩序和社會效益。標準化是生產成本控制的有效武器，因此對企業來說，進行標準作業培訓是非常有必要的。

標準作業並不適用於所有的工作，它主要適用於作業內容明確、可以重覆的工作，而不適用於零碎的、單項的、機動性強的工作。企業通常需要進行重覆性的批量生產，這就有必要強調標準作業、標準作業程序，以及標準作業程序培訓。

標準作業程序(Standard Operation Procedure，SOP)，是將某一事件的標準操作步驟和要求以統一的格式描述出來，用來指導和規範日常的工作。SOP 的精髓就是將細節進行量化，即對某一程序中的關鍵控制點進行細化和量化。

標準作業程序一定是經過不斷實踐總結出來的、在當前條件下可以實現的最優化的操作程序。如果每名員工都按照這種最優的程序進行作業，企業的生產就會更規範，產品品質也會得到保障。

一、編制《標準作業指導書》

在進行標準作業程序培訓之前，必須有一個可以參照執行的工具，那就是標準作業指導書。標準作業指導書要求體現出最優化，即方法必須是最佳的，效率、安全、品質、成本都是最優的。當然，標準作業是一個持續改進的過程，需要不斷根據生產實際進行調整和優化。對企業來說實行標準作業、推行標準作業指導書，可以獲得 7 種好處：

⑴員工嚴格按照預定的流程操作；

⑴員工通過看標準作業指導書，並接受簡單的培訓，就可以操作；

⑶為企業的穩定發展提供保障；

⑷員工參與編制標準作業指導書，充分發揮每名員工的聰明才智；

⑸為產品品質提供保障；

⑹為公司帶來更大潛在的收益；

⑺避免因人才流動而導致生產的不穩定。

編制標準作業指導書，要求簡單易懂，容易上手；要求全員參與，包括一線員工都可以提出自己的意見，以便使標準作業指導書更完善。事實上，正確的材料、正確的流程才能生產出合格的產品，因此實行標準作業，可以保證產品加工過程的穩定，減少產生錯誤的機會，從而保證產品品質的穩定性。

為了起到規範作用，標準作業指導書中應至少包括表 22-1 中的內容。

表 22-1　標準作業指導書的內容

內　容	說　明
動作內容	包括拿取物料、步行過程、操作過程、品質檢查等每一個細節，並且要量化每一個細節
所需時間	每一個具體動作過程從開始到結束所需的時間，包括步行時間、拿取工具/物料時間、操作時間、放工具時間等
品質要求	標準作業指導書必須包括每一工序中產品的品質標準，品質標準要求詳細、具體，方便員工理解、識別並運用
品質檢查	品質檢查的目的是不接受、不製造、不傳遞缺陷
物料描述	每一種物料都要進行詳細的描述，包括物料的詳細信息，如數量、大小、型號、料架產地等
工具描述	包括使用工具(設備)的名稱、使用方法、注意事項等
動作位置圖示	對每一個增值的操作，應該用圖示的方法標識操作位置，避免出現誤操作
審批權限	所有的標準作業指導書必須由有審批權限的人員進行審批，以保證文件的受控

二、推行標準作業程序

標準作業程序對企業的作用是巨大的，企業推行標準作業程序的目的是提升企業運行的效率。

由於企業許多崗位的員工經常會發生變動，而且不同的人由於不同的經歷、性格、能力和經驗，做事情的方式和步驟、對待工作的態度等各不相同。這就需要通過標準作業程序對工作進行細化、量化、優化，使經歷、學識、能力、經驗各不相同的人可以規範地做相同的工作，從而提高企業的運行效率。同時，由於標準作業程序本身也是在實踐操作中不斷總結、優化和完善的產物，相對比較優化，因此，能提高其相應的工作效率，進而提高企業整體的運行效率。

另外，標準作業程序通過對每個作業程序的控制點操作的優化，使每位員工都可以按照標準作業程序的相關規定工作，從而使出現失誤的機會大大減少。即使出現失誤，也可以很快地通過標準作業程序發現問題並加以改進。正是因為如此，標準作業程序保證了企業日常工作的連續性和相關知識的積累，無形中為企業節約了大量的管理成本。

一般來說，在現實中，企業在推行標準作業程序時，除了從自己企業的實際情況出發外，還要把握 3 個原則。

1. 推行力度一定要大

任何一個新規定、新制度的出台，都可能伴隨著不理解的聲音。因為制度不能滿足每個人的要求。事實上，制度也不是因人而定的，而是制定出來讓人去習慣的。原來一些員工習慣於某些工作方式，如懶散、偷工減料，一旦標準化後，一切都嚴格起來，必須按規定去做，否則視為工作無效。這時，一些人會站出來質疑，一些人會陽奉陰違，而新員工則會受過去工作習慣的影響。

其實，經過一段時間，員工們會慢慢習慣。另外，企業還要加大培訓力度，因為持續培訓也是一個非常有效的方法。當標準化成為習慣，所有的問題都不再是問題了。經過 21 天或 21 次堅持，所有的新習慣都得以重塑，這是經過科學實驗得出的結論，「影響力黃金表」就是這樣一個習慣塑造的有效工具。

2. 監督力度一定要跟上

在剛開始推行標準作業程序時，一切都要嚴格要求，即嚴格要求員工按照標準作業程序工作。如果在推行標準作業程序一段時間後，員工發現企業高層不重視而且很少親自監督，中層的檢查也慢慢沒有了，員工就會漸漸地回到原來的軌道上。這就會讓標準作業程序流於形式。

因此，在推行標準作業程序時，企業高層必須十分重視，需要親自監督，要求全員參與，要求各級分層檢查，並且對員工進行重覆培訓，直到標準化深入每位員工的心中，讓進行標準作業成為習慣。

3. 持續改進標準作業程序，標準作業指導書的更新不宜太快或太慢

標準作業是一個持續改進的過程，標準作業指導書也要隨著標準的變化而變化。但這裏就會出現問題，如果持續改進得太頻繁，標準作業指導書變化得太快，員工還沒習慣，就又按新的規定去做

了。如果長此下去，員工可能會失去耐心，甚至不知道究竟那些才是標準。這好比「手錶定律」，標準太多了，就沒有標準了。

而如果生產技術改進了，標準也變了，而標準作業指導書遲遲沒有更新。這樣的結果會培養出一大批遵守舊的規章、標準的員工，如果再次更正，又會浪費大量的人力成本。

23 對員工要培訓

某生產企業，在招入一批新員工後，沒有進行系統的培訓，只是簡單的示範之後就讓他們上崗，結果一名員工因操作不慎，一隻手被機器卡住，造成終身殘疾。該企業因此做出賠償。

據瞭解，在此之前，該企業曾發生過數起類似的事故，只是事故較輕而沒有引起足夠的重視。其實，如果在員工上崗位前多花些時間做培訓，讓員工瞭解設備的安全使用知識，是完全可以避免這樣的慘禍發生的。

培訓是企業最好的投資，標準化培訓更是員工成長和企業發展的重要手段。企業只有不斷對員工進行培訓，才能使每名員工通過全面素質的提升為企業創造更大的價值，進而使企業贏得市場，在競爭中立於不敗之地。標準化培訓要求針對企業的特點，制定新員工人職培訓、現場培訓、新項目接人培訓、針對客戶新服務需求培訓、處理客戶投訴培訓、培訓管理、培訓控制等員工培訓制度。

1. 員工培訓的兩種方式

對員工的培訓分為在職培訓(On the Job Training，OJT)與職外培訓(Off the Job Training，OFF-JT)兩種。在生產現場進行的培訓是 OJT，這是最主要的方式；而 OFF-JT，即離開生產現場的培訓，主要是採取集中起來的以教育研修的形式進行的培訓。這兩種培訓方式通常會被結合起來使用。

(1) OJT

在生產現場對現場員工最有影響力的是生產主管。生產現場發生問題時，如果生產主管不去處理，那麼等待解決的問題只會越來越多。而且，生產現場的業績是生產主管及其員工工作的總和，所以對員工的教育和培養是生產主管的重要工作之一，尤其是採用 OJT 的方式。

OJT 是生產企業最重要的培訓方式，主要採取的手段有生產主管或有經驗者指導、擔任職務的工作分派、部門間的工作輪崗、部門外的工作輪崗、關聯企業的派遣輪崗、企業內的學習、部門內的學習等。OJT 發生在實際的生產現場或與工作環境相近的地點，快捷方便，非常直觀，易於理解，與工作齊頭並進。

OJT 一般首先將工作分類，擬訂培訓大綱，準備培訓設備和材料，確認員工已有的經驗和知識、技能，說明示範，以一次一個步驟的進行為原則，強調培訓的重點，讓員工在現場進行實際操作，在實際操作中發現並改正錯誤。

(2) OFF-JT

OFF-JT 是根據企業發展的需要而進行的，主要採取的手段有企業外的學習，到國內外科研單位、學校進修，廠商代訓，利用政府或相關組織舉辦學習機會，利用培訓機構或公司舉辦的學習機會等。

另外，企業應增強員工的自我學習意識。其實，再好的培訓，如果員工不學習，也收不到任何效果。由於企業組織的培訓往往都是有重點、有目的的開展的，對於一些不是非常重要和迫切的培訓不能立即進行，這就需要鼓勵員工自我學習、自我教育，促進員工從「要我培訓」到「我要培訓」轉變。

2. 員工的培訓體系

由於生產企業的大部份生產線是以生產作業為重心，而且生產作業的程序化和固定化使得員工培訓體系的建立有一定的難度。

之所以這樣說，是因為生產企業的人員密度大，基層人員的文化水準不高，生產管理人員大部份從基層提拔上來，技術比較過硬，但團隊和教練水準不強；OJT 和 OFF-JT 互相配合不當，培訓的效果並不好。

根據生產企業的特點，生產企業在進行培訓時應該把重點放在兩個方面，即新員工技術培訓、管理人員管理和技術提升培訓。而培訓的方式根據培訓的性質及受訓人員的階層而有所差異。一般情況下，科技性比較強的培訓採用 OFF-JT；一般性的技術培訓可用 OFF-JT，也可用 OJT；對新員工的培訓採用 OJT，對部門主管或資深員工的培訓採用 OFF-JT。

員工培訓體系的構建是一個長期建設的過程，主要包括以下幾個方面。

(1)成立培訓需求調查小組

企業在構建培訓體系之初要成立一個培訓需求調查小組，人員可多可少，由總經理、生產主管、人力資源主管等擔任組長，採取多種方式進行調查，如根據企業戰略調整、向員工發放培訓需求調查表、口頭調查等，發現員工的需求和企業的需求，進而制定培訓計劃，確定培訓內容、培訓方式等，按需要進行培訓。

(2)完善員工入職培訓體制

新員工入職培訓是向新員工介紹企業的基本情況、崗位職責、部門人員等的一種培訓方法。企業要根據新員工的崗位、工作經驗等不同，將新員工分成不同的組別，培訓的內容除了共同的內容之外，還會有所區別。共同的培訓內容有企業文化、薪酬制度、安全基本常識、品質保障體系等。

對於生產一線員工的入職培訓，除了企業培訓中共同的內容以外，還要包括生產崗位介紹、生產流程講解、消防安全演練等。必要時，企業還要安排老員工採用傳幫帶的方式，對新員工進行生活和工作方面的指導。

對於有經驗的專業技術人員的入職培訓，除了共同的內容外，還包括企業環境與生產線介紹、企業未來發展規劃、團隊建設與組織理解演練、銷售與開發介紹、企業產品銷售實踐等。

(3)建設優良的培訓師隊伍、完善培訓資源庫

完善培訓體系的第一要務就是建設培訓師隊伍。企業除了外聘一些專業的培訓師外，還要有自己的專業培訓人才，這些人可以是生產一線的優秀技術人才、優秀的班組管理人才、優秀的部門主管，並根據其工作性質的不同進行不同內容的培訓。在組建培訓團隊的同時，企業還要有意識地完善自己的培訓資源庫。

⑷專業化培訓教育

企業的培訓可根據功能的不同而有所區別。下面分別就生產技能培訓、專業技術人員培訓、管理人才培訓進行說明。

①生產技能培訓是指對生產一線技術人員的培訓。其中，技能類培訓的目的是提高員工的作業技巧，培訓內容有技能專門研修、機械加工、電氣電子、自動機器、機器控制、OA、半導體製造和焊接等。

②專業技術人員培訓主要是讓專業技術人員瞭解企業傳統產品和新產品方面的知識，以及技術方面的基礎知識；培養產品企劃能力、開發能力、生產技術能力、銷售企劃能力等，擴展視野，提高綜合思維能力；掌握一些尖端技術，以順應時代發展。專業技術人員培訓內容因培訓對象的層次而異：新員工主要進行基礎知識和技術的培訓；骨幹技術人員培訓的是生產一線技術人員、研究人員所需要的技術，主要包括基礎技術專門講座、綜合基礎、技術進修、講演會、研究會、學習會、輪流講讀會、研究發表會和海外留學等。

③對於管理人才培訓，旨在增強管理人員的組織和經營管理能力，促使其飛快進入管理第一線，培養其開拓事業和創業的精神。這類培訓主要採用 OFF-JT 方式。

⑸培訓考核

培訓之後要看效果，效果如何必須經過考核。根據考核成績，企業可以發現員工的錯誤和不足，然後加以糾正和彌補，進而調整企業的培訓戰略。

企業在進行培訓考核時，可選用多種方式，除問卷調查、受訓人員訪談外，還可採用專案的方式，選擇一個時間或週期並設定項目考核標準，以企業在接受培訓前後的變化評估培訓的作用與價值。

某家生產企業將培訓與考核晉級制度掛鈎，具備一定的激勵作用。

某生產企業結合員工定級考核辦法，為企業培養人才的同時，又能吸引和留住企業需要的人才。通過考核晉級制度，使員工安心工作並保持較高的業務水準。

每月組織員工進行考試，考試範圍包括當月的培訓內容、基本業務知識、業務操作基本知識、法律、法規等，考試方式可以通過系統自動從題庫中出題、由系統自動改卷，每月培訓成績分別作為當月培訓獎發放的依據之一，以此激勵員工努力學習業務知識。

每年兩次對每位員工的各個方面進行綜合考核。該企業還採用了末位淘汰制，按總評成績的高低，15%的員工評為 A 級、25%的員工評為 B 級、60%的員工評為 C 級和 D 級(考核不及格的評為 D 級)。定級考核級別成為員工薪酬核算標準之一和續簽合約的參考條件。

24 針對員工加以績效考核

企業績效考核標準，主要依據是工作成果和生產效率。根據企業的戰略要求，衡量績效的總的原則只有兩條：①是否使工作成果最大化；②是否有助於提高企業的生產效率。績效考核要求最能體現企業目標和企業目的；對員工的工作起到正面引導和激勵作用；能比較客觀地評價員工工作；考核方法相對比較節約成本；考核方法實用性強，易於執行。

企業對員工進行績效考核，目的是通過對員工的不斷改進和對企業的持續改進、提升，促進員工和企業的共同發展。

一、績效考核的方法

企業進行員工績效考核時，應該按照員工的不同類型進行分類考核：

⑴對生產一線人員：以實際結果為對象的考核方法。

⑵對中、基層管理人員：以行為或品質特徵為導向的考核方法。

⑶對高層管理人員：以結果為導向的考核方法。

在現代企業的人力資源的考核中，以行為為導向的考核方法主要有選擇排列法、成本對比法、強制分佈法、關鍵事件法、行為錨定法、行為觀察法、加權選擇量表法等；以結果為導向的考核方法主要有目標管理法、績效標準法、直接指標法、成績記錄法等。

由於生產企業中生產一線人員最多，而對其的考核側重於以結果為導向，因此這裏著重介紹目標管理法、績效標準法、直接指標法、成績記錄法 4 種績效考核方法。

表 24-1　績效考核的原則

原　　則	說　　明
全員參與	上下級深入溝通、各部門相互協作，全員參與、全員負責
公開、公正	績效考核指標的制定和績效考核應嚴格遵守相關標準和程序，確保考核結果的公開、公正
及時回饋	每一級考核者及時將考核結果回饋給被考核者，肯定其成績和進步，說明不足之處，指明改進方向，幫助被考核者尋找有效改進業績的方法
簡單、直觀	考核貫徹簡單、直觀、便於理解和操作的原則
系統設計、分步實施	第 1 步：引入績效考核理念、分解績效考核指標、構建指標目標體系、搭建能力展示平台、實施有效績效考核、找準工作定位、提升全員績效考核水準 第 2 步：考核結果與薪酬分配、人員動態管理、培訓開發、職業生涯規劃等方面有機結合，形成以業績和技能為導向的激勵機制 第 3 步：通過實施績效考核，實現企業組織機構優化和工作流程再造，增加企業核心競爭力

1. 目標管理法

目標管理法的評價標準直接反映員工的工作內容，客觀、準確，便於回饋和輔導，同時使員工工作積極性大大提高，增強了責任心和事業心。其操作步驟如下。

⑴建立一套完整的目標體系。這項工作是從企業的最高主管部門開始，然後由上而下地逐級確定目標。上下級的目標之間通常是一種目的一手段的關係：某一級的目標，需要用一定的手段來實現，這些手段就成為下一級的次目標，按級順推下去，直到作業層的作業目標，從而構成一種鎖鏈式的目標體系。

⑵制定目標。制定的目標應當採取協商的方式，要鼓勵下級管理人員根據基本方針擬訂自己的目標，然後由上級批准。

⑶組織實施。完成目標主要靠執行者的自我控制。上級進行相應的指導、協助。

⑷檢查與評價。對各級目標的完成情況，要事先規定期限，定期檢查，可以靈活採用自檢、互檢和責成專門的部門進行檢查等方法。檢查的依據就是事先確定的目標。對於最終結果，應當根據目標進行評價，並根據評價結果進行獎罰。

目標管理法不僅是一種績效考核方法，還具有一種強制性，要求目標的達成必須是員工的技術、知識和態度綜合作用的結果。

2. 績效標準法

績效標準法適用於非管理崗位員工，它的指標具體、明確、合理，有各種約束限制，考核標準詳細、具體，能為被考核者提供明確、清晰的努力方向。

3. 直接指標法

在員工的衡量方式上，採用可監測、可核算的指標構成若干考核要素行為對員工的工作表現進行考核的方式。這些指標主要包括工時利用率、客戶不滿意率、廢品率等。

4. 成績記錄法

成績記錄法是由被考核者把自己與工作職責有關的成績寫在一張成績記錄表上，然後由其上級來驗證成績的真實性、準確性，最後由外部的專家評估這些資料，決定個人成績的大小。該方法對技術要求較高的崗位比較適用。

二、績效考核的步驟

1. 獲取考核信息

考核者對任何一名員工進行考核時，都必須事先收集相關的資料，如工作效率、工時利用率等，其信息來源主要有工作表現的記錄、與被考核者相關的人，包括直接領導、同事等。

2. 設定績效考核的間隔時間

設定績效考核的間隔時間對考核操作過程來說不可或缺。績效考核的間隔時間因考核目的的不同也應有所不同。若考核目的是更好地溝通上下級意圖，提高工作效率，則間隔時間應適當短一些；若考核目的是人力資源調動或晉升，則應觀察一個相對較長時期內的員工工作績效，以避免因某些員工投機取巧的行為而被蒙蔽。

3. 選擇績效考核方法

企業對員工進行績效考核時，應根據員工的情況選擇具體的方法。現在全世界流行一種新的績效考核方法，即 360° 績效考核。

任何一名員工的績效都需要進行 360° 的考核，否則會陷於只見樹木不見森林的境地。

⑴上級考核。上級是指被考核者的直接領導，也通常是績效考核中最主要的考核者。其優點是考核可與加薪、獎懲等結合；上級有機會與下級更好地溝通，瞭解下級的想法，發掘下級的潛力。但該法易於形成單向溝通，有時不能保證公平、公正，會挫傷下級的積極性。

⑵同事考核。同事考核能夠幫助被考核者發展領導管理的才能，能夠達到權力制衡的目的。但同事在考核中往往不敢實事求是地表達意見，往往側重某些方面，易產生片面看法。

⑶自我考核。自我考核能夠增強員工的參與意識，但有時會把自己的績效高估。所以，自我考核只適用於協助員工自我改善績效。

360° 績效考核在全世界都得到廣泛的應用。360° 績效考核的主要目的是服務於員工的發展，而不是對員工進行行政管理，如晉升、薪酬確定等。

4. 制定績效改進計劃

績效考核後，對被考核者進行考核意見的回饋是很重要的，因為進行績效考核的一個主要目的就是改進績效。所以，管理人員和員工應合力安排績效改進計劃。

在績效改進前，先要確定待改進的方面，如可以從員工願意改進之處、從易出成效的方面開始改進等。另外，在績效改進前，要重審績效不足的方面，看其是否合乎事實，是否有必要改進。

制定績效改進計劃的目的在於提高員工的績效，改變員工的行為。為了使績效改變能得以實現，必須符合 4 個要點：

(1) 意願。員工自己要有想改變的願望。

(2) 知識和技術。員工知道要做什麼，並知道如何去做。

(3) 氣氛。員工必須在一種鼓勵他改進績效的環境中工作，而造就這種工作的氣氛最重要的因素就是部門主管。

(4) 獎勵。如果員工知道行為改變後會獲得獎賞，他就能比較容易改變自己的行為。

總之，績效考核要體現公正、公平、公開的原則，才能真實反映員工的工作業績，同時應儘量避免績效考核的負面影響，能起到改進、保持、發展的目的。根據全員績效進行企業的人力資源調配，結合員工的職業生涯發展規劃、企業的培訓計劃，使之達到最優，從而實現人力成本最小化。

心得欄 ------------------------------

25 企業要有靈活的薪酬設計

薪酬設計主要有兩個目的：一是確保企業合理控制人力成本，二是幫助企業有效地激勵員工。在人力資源管理中，薪酬體系具有不可替代的激勵和導向作用，是激發人力資源最有力的杠杆。

制定薪酬方案可不是向別人討教得來的所謂設計方案照葫蘆畫瓢那麼簡單，是一個關係到每一個員工切身利益的大事情，還必須按照法律規定和程序進行制定和操作，並非一個人閉門造車所能解決的。薪酬設計能夠以少勝多，在降低人力成本的同時也能有效地激勵員工，實現人力成本管理的良性循環。

合理的薪酬設計是降低人力成本的又一有效手段。

薪酬作為組織的關鍵戰略領域，影響著組織吸引求職者、保留員工及為了實現組織的戰略目標確保員工最佳表現的能力。薪酬在組織的運營成本中所佔比例日益增大，在勞動密集型服務行業表現尤為突出。一個平衡性的方案必須兼顧兩個方面：確保薪酬能夠吸引、激勵和保留員工；保持組織在市場上有競爭性的成本結構。

薪酬管理主要取決於企業如何客觀、公正、公平、合理地對待員工，如何保證員工從薪酬中獲得經濟上、心理上的較高的滿意度。員工對薪酬管理的滿意程度越高，薪酬的激勵效果就越明顯，員工就會更好的工作，這是一種良性循環；如果員工對薪酬的滿意程度較低，則會陷入惡性循環，長此以往，會造成員工的流失。

在企業中，常常有這樣的現象，就是有些領導往往知道合理的薪酬設計能激勵員工積極工作，帶來更好地企業收益，輕易地就給下屬許下關於薪酬的各種承諾，之後，便忘在腦後了，最後不了了之。這就是所謂給下屬開的空頭支票。

儘管薪酬不是激勵員工的唯一手段，但卻是一個非常重要、最易被人運用的方法。薪酬總額相同，支付方式不同，會取得不同的效果。所以，如何實現薪酬效能最大化是一門值得探討的藝術。

一、人力成本分析

人力成本分析的主要作用是確定企業的年薪酬總額(如表25-1、25-2 所示)。

其實任何一位企業家都很關心「到底拿多少錢或多少比例來發薪資才是合理的」。一個較為成熟的行業甚至每一個企業在經營條件變化不大的前提下，人力成本率應該是個「常數」的。我們可以通過歷史數據推算法、損益臨界推算法、勞動分配率推算法等工具求得這個「常數」。

人力成本率＝當期總人力成本÷當期銷售額

表 25-1　總人力成本與銷售額的比例

企業規模	總人力成本/銷售額
5000 人以上	11%
1000～4999 人	12%
300～999 人	13%
100～299 人	14%
30～99 人	15%

表 25-2　人力成本構成及比例

<table>
<tr><td rowspan="2">基本薪資</td><td>職務薪資</td><td rowspan="8">標準工作時間內薪資，佔 60.5%</td><td rowspan="12">每月支付薪資總額 87.5%</td><td rowspan="13">支付費用總額 100%</td><td rowspan="8">假設為 100%</td><td rowspan="19">總人力成本</td></tr>
<tr><td>職能薪資</td></tr>
<tr><td rowspan="6">各種津貼</td><td>職務津貼</td></tr>
<tr><td>眷屬津貼</td></tr>
<tr><td>地域津貼</td></tr>
<tr><td>住房津貼</td></tr>
<tr><td>交通津貼</td></tr>
<tr><td>環境津貼</td></tr>
<tr><td colspan="2">加 班 費</td><td rowspan="3">工作時間以外薪資佔 8.5%</td><td rowspan="11">上面假設的 70%</td></tr>
<tr><td colspan="2">值日津貼</td></tr>
<tr><td colspan="2">臨時津貼</td></tr>
<tr><td colspan="2">獎　　金</td><td>18.5%</td></tr>
<tr><td colspan="2">離職補償</td><td>2.5%</td><td rowspan="4">其他支付 12.5%</td></tr>
<tr><td colspan="2">法定福利</td><td>5%</td><td rowspan="6">消耗費用</td></tr>
<tr><td colspan="2">法定外福利</td><td>3%</td></tr>
<tr><td colspan="2">其　　他</td><td>2%</td></tr>
<tr><td rowspan="3">與銷售額掛鈎費用</td><td>招聘費用</td><td colspan="2" rowspan="3">變數太大，因各企業情況而異</td></tr>
<tr><td>培訓費用</td></tr>
<tr><td>其他費用</td></tr>
</table>

二、薪資設計的三個重要層次

三大價值導向指明了薪酬設計的思路，三大基礎工程奠定了薪酬設計的數據基礎，但以上二者最終都必須體現在具體的制度和表格上，以便於日常操作。薪酬設計必須包括結構設計、等級設計和晉升設計。

1. 薪資的結構設計

薪酬對於企業除了具有保健作用外，更重要的應該是具有激勵作用，即使在總金額相等的情況下，由於結構及其比例的不同，對於員工的激勵作用就會出現碳墨和金剛石的差距。

「高固定＋低浮動」的薪資結構的保健作用較大，對於招人和留人有一定的好處，但不易激發員工工作的積極性。相反，「低固定＋高浮動」的薪資結構激勵作用較大，比較容易激發員工的工作熱情，但對於招人和留人的風險性就增加了。

那麼，到底什麼樣的薪資結構是合理的？其組成部門的比例又應該怎樣？根據三大價值導向原理，其實任何薪資結構都是由以下三部份組成的，即：個人薪資＋崗位薪資＋績效薪資(如表 25-3 所示)。

表 25-3　薪資結構的三部份組成

一級結構	個人薪資(一般稱資歷薪資)			崗位薪資		績效薪資	
二級拆分	工齡補貼	學歷補貼	能力薪資	崗位薪資	職務補貼	績效薪資	各種獎金

表 25-4 績效薪資比例及浮動比例一覽表（局部）

職等 / 比例 / 職類	總監級（A 等）		經理級（B 級）		主任級（C 級）		專員級（D 級）	
	績效比例	浮動比例	績效比例	浮動比例	績效比例	浮動比例	績效比例	浮動比例
行銷管理	70%	70%	65%	60%	60%	50%	—	—
製造管理	60%	60%	50%	50%	50%	40%	—	—
財務/行政管理	50%	50%	50%	50%	40%	40%	—	—
行政人員	—	—	—	—	30%	30%	20%	30%
技術人員	—	—	40%	50%	40%	50%	40%	50%

表 25-5 薪資結構及比例

薪資結構	能力薪資	崗位薪資	績效薪資
所佔比例	30%	30%	40%

表 25-6 績效等級與績效薪資浮動比例

績效等級	A 等	B 等	C 等	D 等	E 等
績效薪資浮動比例	150%	120%	100%	80%	60%

表 25-7 資歷薪資

類別	第 1～3 年	第 4～7	第 7～10	第 10 年以上
遞減式	30 元/月	20 元/月	10 元/月	5 元/月
遞增式	5 元/月	10 元/月	20 元/月	30 元/月

至於確定崗位薪資與績效薪資的比例通常需要考慮以下幾組比較原則(如表 25-8 所示)：

表 25-8　確定崗位薪資與績效薪資比例的要素

參考要素	職位高低		個人績效與企業績效關聯高低		績效量化程度		個人努力程度與績效關聯		企業發展階段	
薪資結構	高	低	高	低	難	易	高	低	發展	穩定
崗位薪資比例	小	大	小	大	大	小	小	大	小	大
績效薪資比例	大	小	大	小	小	大	大	小	大	小

具體大到什麼程度小到什麼比例呢？通常的做法是選擇兩個極端點，即績效薪資比例最高的崗位和績效薪資比例最低的崗位，並確定他們的比例，其餘崗位就在這兩個極端點之間了。如中績效薪資比例最高的是行銷總監，最低是行政類專員級，分別為 70%和 20%。根據我們的諮詢經驗，績效薪資比例均在 20%～60%之間。當然也有一種很簡單的劃分的方法，即：不分崗位類別不分職等高低其績效薪資的比例全部都一樣，或是 30%或是 50%不定。這種做法的優點操作容易，但激勵的個性化不足。

2. 薪資的等級設計

從技術層面上講，柏明頓的「六步法」是薪酬等級設計較為實用的方法。

第一步：確定薪等(如表 25-9 所示)

根據崗位評價的結果(崗位價值係數)能夠較為準確地得出下表：

表 25-9 薪等與崗位對照表(局部)

薪等	價值係數(集中值①)	人力部	財務部	市場部	銷售部	生產部	技術部	供應部
4	480 分			經理	經理		經理 總工程師	
5	440 分	經理	經理		區域經理	經理	高工	
6	390 分	績效主管	總賬會計 成本會計	策劃主管 推廣主管	業務主管	製造 工程師	工程師	經理
7	350 分	招聘主管	銷售會計	設計師				採購員
8	320 分		出納		客戶服務	組長		

第二步：確定各薪等的金額(如圖 25-1 所示)

崗位評價的結果是崗位價值係數，它需要轉化成薪資金額，其計算公式如下：

現有薪資總額÷Σ(各薪等價值係數集中值×現有人數)＝×元/分

×元/分×某一薪等價值係數集中值＝某一薪等的薪資金額(中心值)

圖 25-1 薪等與薪資金額對應曲線圖

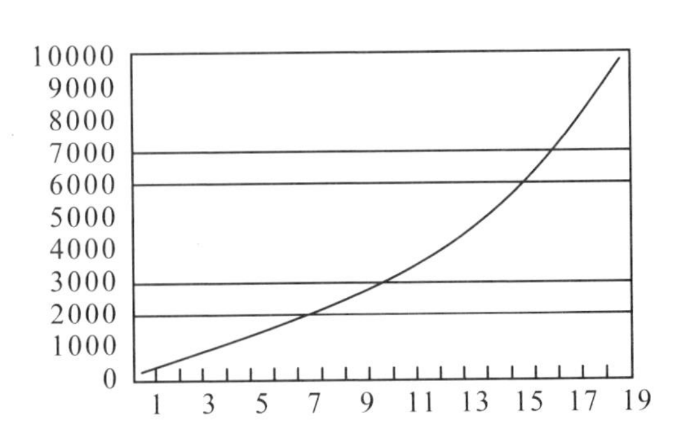

第三步：確定各薪等金額的上下限

根據我們的設計經驗，一般確定以中線上下浮動 20%(即下限為中線的 80%，上限為中線的 120%)，即可得出如圖 25-2 所示的曲線圖。

圖 25-2　薪資金額上下限對應曲線圖

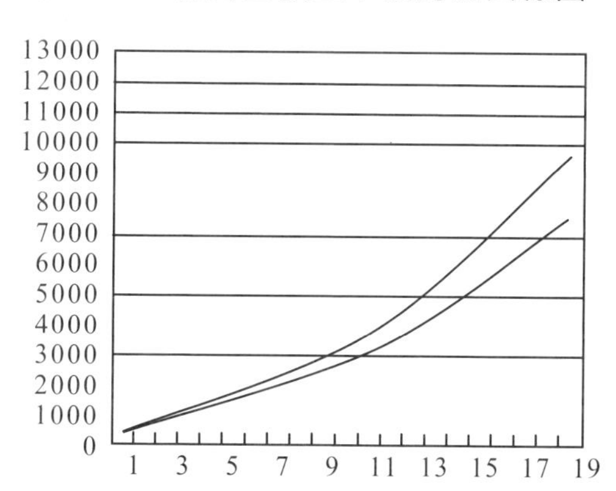

第四步：確定同一薪等的薪級數

如表 25-9 中的第 5 薪等的價值係數集中值是 440 分，假設根據第二步的計算結果是 20 元/分，則該薪等的薪資金額為 8800 元(中心值)，再按第三步規定的上下浮動 20%，則第 5 薪等的薪資金額的範圍是 7040～10560 元之間。但是在這個範圍之間共分為幾個級別較為合理呢？既然兩端是固定的，那麼是採用多級別小金額還是少級別大金額的做法呢？主要根據以下兩點來確定：

· 員工在同一職等工作的平均年限

· 每年調薪的次數

所以一般的做法是：(平均在同一職等的年數×每年調薪的次數)×2＝同一薪等的級數

為什麼要×2 呢？主要考慮讓員工有足夠的薪資晉升空間。

如某公司第 5 薪等的崗位平均在職年數為 4 年，每年調整薪資一次，則在 7040～10560 元之間共分為八個級別。

第五步：確定薪級差額

在 7040～10560 元之間其級差如何確定呢？是平均級差？還是前期級差大後期級差小？或是相反，前期級差小後期級差大？這就需要根據各自不同的企業文化來定了。我個人是比較傾向於前期級差大後期有差小的做法的，因為一個人在同一職位工作年限越久，其績效增長是越緩慢的。即：在 7040～10560 之間共分為八級，則平均級差約等於 502 元，如果前四級的級差約等於 600 元，那麼後四級的級差就約等於 400 元。

心得欄 ------------------------------------

第六步：形成薪等薪級表

經過前五步的工作和微調最終會形成一份完整的《薪等薪級表》。

表 25-10　薪等薪級對照表

	1 等	2 等	3 等	4 等	5 等	6 等	7 等	8 等	9 等	10 等	11 等	12 等	13 等
1 級	510	630	750	840	980	1120	1330	1540	1770	2050	2380	2800	3220
2 級	550	675	800	900	1050	1200	1425	1650	1900	2200	2550	3000	3450
3 級	590	720	850	960	1120	1280	1520	1760	2030	2350	2720	3200	3680
4 級	630	765	900	1020	1190	1360	1615	1870	2160	2500	2890	3400	3910
5 級	670	810	950	1080	1260	1440	1710	1980	2290	2650	3060	3600	4140
6 級	710	855	1000	1140	1330	1520	1805	2090	2420	2800	3230	3800	4370
7 級	750	900	1050	1200	1400	1600	1900	2200	2550	2950	3400	4000	4600
8 級	790	945	1100	1260	1470	1680	1995	2310	2680	3100	3570	4200	4830
9 級	830	990	1150	1320	1540	1760	2090	2420	2810	3250	3740	4400	5060
10 級	870	1035	1200	1380	1610	1840	2185	2530	2940	3400	3910	4600	5290
11 級	910	1080	1250	1440	1680	1920	2280	2640	3070	3550	4080	4800	5520
12 級	950	1125	1300	1500	1750	2000	2375	2750	3200	3700	4250	5000	5750
13 級	990	1170	1350	1560	1820	2080	2470	2860	3330	3850	4420	5200	5980

3. 薪資的晉升設計

薪酬晉升與調整的前提有很多種，包括：貨幣貶值或利潤大幅增長的普調、崗位變遷的易崗易薪、職責內容發生較大變化(即崗位價值係數增減較大時、個人資歷變化時)、績效考核等。

假設某公司是每月考核一次，一年考核 12 次，每次考核的結果等級分為 A、B、C、D、E 等，轉化為分數分別為 5、4、3、2、1 分，即最高分為 60 分，最低分為 12 分，再根據規定就能得出表

25-11：

表 25-11　年績效考核與薪資調整對照表

全年績效得分	56～60 分	45～55 分	31～44 分	20～30 分	20 分以下
薪資調級	＋2 級	＋1 級	0	-1 級	-2 級

這樣，每個人的薪資晉升才是明朗的！在一個人所處的薪等薪級沒有發生變化時，其每月實得薪資總額的變化主要是根據表 25-4 來完成的；到了年底進行薪等薪級調整時，主要是根據表 25-10 來完成的。也就是說，當一個員工知道自己當月的績效等級時，就可以知道他當月的績效薪資，也就知道薪資總額了；當一個員工知道自己全年的績效得分時，就可以知道他明年的薪資等級了。反過來，當一個員工想要晉升到某一個薪級時，他就應該採用以下三步倒推法：

第一步：確定調整後要想達到的薪級

如某員工目前處於表 25-10 中的第三等第 6 級，即 1000 元，他想要獲得晉升兩級到 1330 元。

第二步：確保滿足第一步的條件——即年考核總得分

根據表 25-11 的規定，那麼他必須要在年考核總得分達到 56 分或以上才能晉升兩級。

第三步：確保滿足第二步的條件——即各月考核結果等級

想要達到年考核 56 分以上就必須確保全年 12 次考核中至少有 8 個 A 等、4 個 B 等，即 8×5 分＋4×4 分＝56 分，當然也可以是 9 個 A 等、3 個 B 等，即 9×5 分＋3×4 分＝57 分。這樣的組合是多個的。

第四步：確保滿足第三步的條件——即各月考核得分先看案例，如表 25-12 所示：

表 25-12　績效考核得分與績效等級對照表

績效等級	A	B	C	D	E
考核得分	X≥110	110>X≥100	100>X>90	90>X≥80	X<80

註：達到最高績效指標時最高得分為 120 分。

明碼標價在這裏，想要達到 A 等即要確保當期的考核總分必須在 110 分及以上。它不是通過大家評選出來的而是考核得分的結果，命運不是掌握在評選者手中，而是依靠自己的努力。有人說，等級雖然不是評選出來的，擺脫了被別人操縱的命運，可以考核得分還不要靠大家評出來？其實，如果績效考核體系設計得科學，這種擔心也是多餘的，或者說別人的主觀影響很微小的。

第五步：確保滿足第四步的條件——將績效得分分解到各考核項目上先看案例，表如表 25-13 所示：

表 25-13　銷售主管績效計劃表(部份)

考核項目	最高指標	考核指標	最低指標	配分	計分方法	數據來源	考核週期
銷售計劃完成率	110%	95%	90%	50	略	財務部	累計疊加
貨款及時回收率	95%	90%	85%	40	略	財務部	月
銷　售費用率	2%	30A	4%	10	略	財務部	累計疊加

26 組織管理的跨度、層次、流程分析

所謂管理跨度，就是一個上級直接指揮的下級數目。在組織結構的每一個層次上，根據任務的特點、性質以及授權情況，決定出相應的管理跨度。它與管理層次具有如下關係：在最底層操作人員一定的情況下，管理的跨度越大，管理層次越少。反之，管理跨度越小，管理層次越多。一個組織的各級管理者究竟選擇多大的管理跨度，應視實際情況而定，影響管理跨度的因素有：管理者的能力、下屬的成熟程度、工作的標準化程度、工作條件、工作環境。

可以從管理的跨度來做一些分析，管理跨度就是管幾個人。到現在都沒有得出一個絕對值，根據理論書去算，也算不出來，那個數學公式，只存在文學的，不存在數學的。就好像說績效等於能力乘以心態，乘以外在的激勵因素，這個數字是只存在文學上的，所以不知道如何計算。據說算出來是管七到八個人。

若採用比較法，以前一個總經理下面有八個部門經理，就是總經理管理八個人。現在總經理下面有兩個副總，一個副總分管四個，是否整個跨度不夠呢？未必。

因為跨度是個相對值，以前總經理主要是在管理公司總部，現在總經理有了第二家工廠，兼任那家工廠的總經理，所以他下面加兩個副總也無可厚非。一個副總經理就管人力資源部。這個管理的跨度、管理的層次，都是可以透過比較法來證明是不是提高了效率

的。

一個人事主管，工作要管招聘、管培訓、管薪資、管考核，一個主管帶四個專員。現在這個主管上面有一個人力資源經理，人力資源經理上面有一個人力資源總監，人力資源總監上面有一個副總。架構是否臃腫，雖然不能一概而論，但副來副去，都是一根線掉下來的，十世單傳，有這個必要嗎？

人力資源整合是指依據戰略與組織管理的調整，引導組織內部各成員的目標與組織目標朝同一方面靠近，對人力資源的使用達到最優配置，提高組織績效的過程。人力資源部一定要造成內部機構和人員的經常性兼併行為，誰有能力兼併他人，那他的崗位價值就提升了，薪資就增加了。

流程也是一樣，公司越大，流程越複雜，但一個科學的流程設計基於兩點：一個是效率的提升，一個是風險的降低。

如果住旅館，從公司到旅館，每天都要來回，負責接待的人怎麼辦呢？每次用車要申請，申請還要簽名，給我們負責的是，人力資源部對接的，派車的是行政部。每天早上派一張單，去接 XXX 來，下午派張單送 XXX 去，不能一個月寫一張單嗎？

他說那不行的，我說怎麼不行呢，一個月我來一次，一次可能是一個禮拜。我是固定時間的，早上八點半過來，下午五點半回去，這個還需要申請的嗎？你固定一個人嘛，固定一個司機，或者是相對固定。這樣又可以節省人力又可以節省時間，像簽名，也要時間吶。他說簽名其實也不要什麼時間，我一邊聊天一邊簽一下就算了。

老闆是否需要擔心司機沒有去接 XXX，會開車出去自己去賺錢呢？這個風險沒這麼大吧！所以，有一些流程是沒必要的。

例如，員工上、下班打卡的目的是為了控制風險，提高效率。很多公司規定，當月遲到時間累計少於 60 分鐘的不扣薪資，從 61 分鐘開始，每分鐘扣 5 元，這是需要人統計的。如果花 1000 元請一個文員專門來統計員工的考勤，這個文員除了算考勤外沒有其他事做，工作輕鬆快樂。支付這樣的人力成本，還不如員工不打卡。

人力資源從業者應使用流程分析法對公司的流程進行梳理，凡是不能降低風險的流程都應該去掉。僅這一項工作，人力資源效率的開發空間就會挖掘出很多。

從管理跨度來講，去年一級管理人員平均管幾個人，二級管理人員平均管幾個人，今年管幾個人，明年一定要管到幾個人，要有規劃。有了規劃，扁平化的組織架構就呈現出來了。

當然，如果企業規模做大了，流程分析還可以從現有的流程中找出核心流程，把冗餘的流程去掉，效率就會得到提高，人力資源成本分析的優勢才會體現出來。

心得欄 ------------------------------

 人力成本預算管理制度

為合理安排人力資源管理活動資金，規範人力資源管理活動的費用使用，在遵循企業戰略目標和人力資源戰略規劃目標的前提下，依據公司預算制度，特制定此制度。

第 1 條　預算職責分工

1. 人力資源部是人力資源成本(以下簡稱 HR 成本)預算的主要執行部門及本制度的制定部門。

2. 公司預算委員會負責審查、核准 HR 成本預算，並提出修正意見。

第 2 條　範圍

HR 成本預算的編制、執行與調整均須遵循本制度的相關規定。

第 3 條　工作期間規定

人力資源部應於每月 28 日前編妥下個月的各項 HR 成本支出預計表，並於次月 15 日前編妥上月份實際與預計比較的費用比較表，呈總經理核閱後一式三份，一份自存，一份送總經理辦公室，一份送財務部。

第 4 條　HR 成本所包含的內容具體如下表所示。

HR 成本構成一覽表

費用項目	費用內容構成
薪資成本	基本薪資、獎金、津貼、職務薪資、加班薪資、補貼
福利與保險費用	福利費、員工教育經費、住房公積金、養老保險、醫療保險、失業保險、工傷保險等
招聘	招聘廣告費、招聘會會務費、高校獎學金
人才測評	測評費
培訓	教材費、講師勞務費、培訓費、差旅費
調研	專題研究會議費、協會會員費
辭退	補償費
勞動糾紛	法律諮詢費
辦公業務	辦公用品與設備費
殘疾人安置	殘疾人就業保證金
薪酬水準市場調查	調研費

第 5 條　人力資源部在制定預算時，應考慮各項可能變化的因素，留出預備費，以備發生預算外支出。

第 6 條　人力資源部做好年度預算後，編制《年度預算書》，並於三個工作日內上報預算委員會進行核准、審批。

第 7 條　HR 成本預算編制流程如下圖所示。

HR 成本預算編制流程示意圖

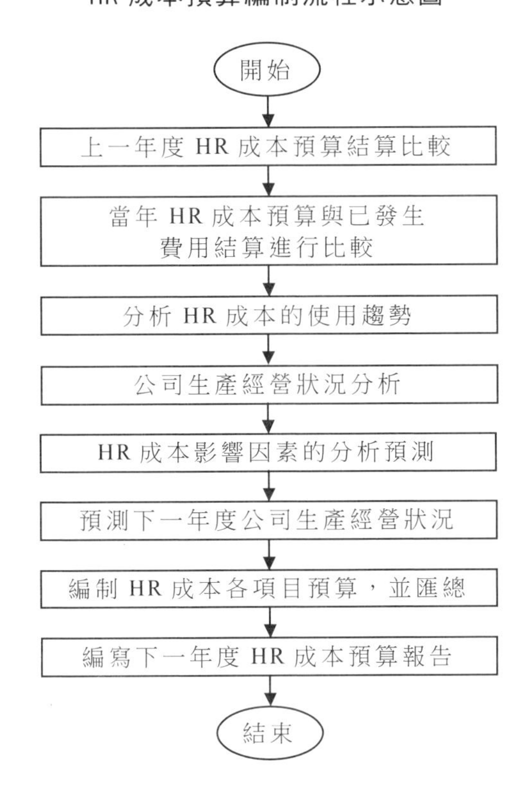

第 8 條　HR 成本預算的執行

1. 人力資源部在收到預算委員會批復的年度預算後，應按照計劃實施。

2. 人力資源部應建立全面預算管理簿，按時填寫《預算執行表》，按預算項目詳細記錄預算額、實際發生額、差異額、累計預算額、累計實際發生額和累計差異額。

第 9 條　HR 成本預算執行控制

1. 在預算管理過程中，對預算內的項目由總經理、人力資源部經理進行控制，預算委員會、財務部進行監督，預算外支出由總經理和財務部經理直接控制。

2. 下達的預算目標是與業績考核掛鈎的硬性指標，一般來說不得超出預算。根據預算執行的情況對責任人進行獎懲。

3. 費用預算如遇特殊情況確需突破時，必須提出申請，說明原因，經財務部經理及總經理的核准後納入預算外支出。如支出金額超過預備費，必須由預算委員會審核批准。

4. 若 HR 成本的預算有剩餘，可以跨月轉入使用，但不能跨年度。

5. 預算執行中由於市場變化或其他特殊原因(如已制定的預算缺乏科學性或欠準確政策出現變化等)時，要及時對預算進行修正。

第 10 條　預算的修正權屬於預算委員會和公司董事會。

第 11 條　當遇到特殊情況需要修正預算時，人力資源部必須提出《預算修正分析報告》，詳細說明修正原因以及針對今後發展趨勢的預測，提交預算委員會審核並報董事會批准，然後執行。

第 12 條　HR 成本預算考核對象與作用

HR 成本預算考核主要是對預算執行者的考核評價。預算考核是發揮預算約束與激勵作用的必要措施，透過預算目標的細化分解與激勵措施的付諸實施，以達到引導公司每一位員工向公司戰略目標方向努力的效果。

第 13 條　HR 成本預算考核原則

預算考核是對預算執行效果的一個認可過程，具體應遵循如下原則。

1. 目標原則：以預算目標為基準，按預算完成情況評價預算執行者的業績。

2. 激勵原則：預算目標是對預算執行者業績評價的主要依據，考核必須與激勵制度相配合。

3. 時效原則：預算考核是動態考核，每期預算執行完畢應立即進行。

4. 例外原則：對一些阻礙預算執行的重大因素，如市場的變化、重大意外災害等，考核時應作為特殊情況處理。

第 14 條　公司要通過季、年度考核保證 HR 成本預算得到準確執行。

第 15 條　季、年度預算考核是對前一季、年度預算目標的完成情況進行考核，及時發現可能存在的潛在問題，或者在必要時修正預算，以適應外部環境的變化。

第 16 條　制定依據

1. 董事會確定的經營發展規劃及人力資源戰略規劃。

2. 歷年人力資源管理活動的實際費用情況及本年度預計的內外部變化因素。

第 17 條　本制度由人力資源部擬定並負責解釋，經預算委員會批准後實施。

第 18 條　本制度自____年___月___日生效執行。

28 薪酬制度體系設計

一、工作崗位薪資制設計

工作崗位薪資制是按照員工不同的工作崗位分別確定薪資的一種薪資制度。崗位薪資標準主要透過對不同崗位的工作難易程度、責任大小、勞動輕重、勞動條件等因素進行確定。崗位薪資制的主要特點是對崗不對人，主要有崗位等級薪資制、崗位薪點薪資制兩種形式。

1. 崗位等級薪資制

(1)崗位等級薪資制設計的操作流程

崗位等級薪資制的設計是一項系統的工作，其具體操作流程如下。

①確定企業崗級

將薪資評價得到的相對價值近似的一組崗位編入一個等級。

②崗位歸級

得分區間＝評價最高分－最低分

③確定薪資等級係數

首先，確定薪資幅度；然後，根據等差係數法或等比遞增係數法確定崗位薪資等級係數。

(2)崗位等級薪資制的設計示例

企業根據崗位等級薪資制設計的操作流程，採用的薪資模型見表

28-1、表28-2。

表 28-1　企業的工作崗位等級劃分表

<table>
<tr><th rowspan="2">等級</th><th colspan="4">崗位類型</th></tr>
<tr><th>高層管理系列</th><th>中層管理系列</th><th>技術基層管理系列</th><th>一般職能系列</th></tr>
<tr><td>12</td><td rowspan="4">總裁
副總裁
總監
總經理</td><td rowspan="4"></td><td rowspan="2"></td><td rowspan="6"></td></tr>
<tr><td>11</td></tr>
<tr><td>10</td><td rowspan="4">高級技術人員</td></tr>
<tr><td>9</td></tr>
<tr><td>8</td><td rowspan="8"></td><td rowspan="4">部門經理及相關
主要負責人</td></tr>
<tr><td>7</td></tr>
<tr><td>6</td><td rowspan="3">中級技術人員
工廠主任</td><td rowspan="3"></td></tr>
<tr><td>5</td></tr>
<tr><td>4</td><td rowspan="4"></td></tr>
<tr><td>3</td><td rowspan="3">初級技術員
工廠班組長</td><td rowspan="3">秘書
助理
文員
生產一線員工</td></tr>
<tr><td>2</td></tr>
<tr><td>1</td></tr>
</table>

表 28-2　企業的薪資等級標準

崗位等級	管理職務	技術職務	生產員工	薪資標準
12	總裁			
11	副總裁			
10	總監			
9	公司總經理			
8	公司副總經理	高級工程師		
7	部門經理	副高級工程師		
6	項目負責人	工程師		
5	辦公室主任			
4	辦公室副主任	助理工程師	工廠主任	
3		初級技術員	工廠班長	
2	助理、秘書			
1	文員		一線操作人員	

2. 崗位薪點薪資制

崗位薪點薪資制是在分析勞動四要素(勞動技能、勞動責任、勞動強度、勞動條件)的基礎上，用點數和點值來確定員工實際勞動報酬的一種薪資制度。

員工的點數可透過一系列量化的考核指標來確定，點值與企業(或者分廠、部門)效益掛鉤，這使得薪資分配與企業效益密切聯繫起來。崗位薪點薪資計算公式如下。

崗位薪點薪資＝崗位薪點×點值

二、技能薪資制設計

技能薪資制是一種以員工的技術和能力為基礎的薪資制度。它根據員工的個人技術能力為其提供薪資。只有確定員工達到了某種技術能力標準以後，才能向員工提供與這種能力標準相對應的薪資。

1. 技能薪資制的種類

(1)技術薪資

技術薪資是以應用知識和操作技能水準為基礎的薪資，主要應用於「藍領」員工，它的基本思想是根據員工擁有的技能資格證書或培訓結業證明來為其支付薪資，而不管這種技術是否在實際工作中被應用。

(2)能力薪資

能力薪資主要適用於企業的專業技術人員和管理人員，屬於「白領」薪資。這種薪資的判定標準比較抽象，而且與具體的崗位聯繫不大。例如，員工的一般認知能力、特殊能力或創新能力等，甚至於員工的人品、個性都可以成為判斷其能力高低的標準。所以，能力薪資又分為兩種，即基礎能力薪資和特殊能力薪資，具體如下。

①基礎能力薪資

基礎能力薪資是指員工為勝任某一崗位所應具備的能力，通常採用工作崗位分析的方法進行設計。

②特殊能力薪資

特殊能力薪資是指以某類崗位人員的核心競爭力為基礎確定的薪資。

這裏的「核心競爭力」不是指企業在某些產品或某一市場上的競爭力，而是指企業在某種科技或管理方面的競爭力，這種能力使企業具有某種競爭優勢。

2. 技能薪資制的前提

並不是所有的企業都適合實施技能薪資制，企業在決定制定或實行技能薪資時，必須考察自身的生產經營狀況、管理體制、運營環境等因素，以及企業的崗位與人員結構、企業的經營目標等，尤其是企業文化這一因素，因為技能薪資要求要有一種比較開放的、有利於員工參與的企業文化，以確保企業充分利用員工獲得的新技術和新知識。

三、結構薪資制設計

結構薪資制又稱組合工作制，是依據薪資的各種職能將薪資分解為幾個組成部份，分別確定薪資額，最後將其相加作為勞動者的薪資報酬的一種制度。

結構薪資制的各個組成部份各有其職能特點和作用。同時，各個組成部份又具有內在的聯繫，互相依存，互相制約，形成一個有機的統一體。

1. 結構薪資制的優點

結構薪資制的薪資結構反映勞動差別的諸要素，即與勞動結構相對應並互相聯繫。勞動結構有幾個部份，薪資結構就有幾個與之相對應的部份，並隨前者變動而變動。薪資結構的各個組成部份從勞動的不同側面和角度反映勞動者貢獻的大小，發揮薪資的各種職能作用。

結構薪資制的四個優點如下。

⑴具有比較靈活的調節功能

一方面，員工個人可以發揮自己的長處，透過在某一方面的努力而獲得增加薪資的機會。企業在增加員工的薪資時可以避免「一刀切」的做法。

⑵吸收了績效薪資制和崗位薪資制的優點

其各個薪資單元分別對應體現勞動結構的不同形態和要素，較全面地反映了按崗位、按技術、按勞分配的原則。激發員工的積極性，促進企業生產經營的發展和經濟效益的提高。

⑶操作靈活，使其職能得到充分發揮

能較好地體現勞動者的素質、能力、資歷、貢獻等各方面因素，使各種薪資的職能得到充分的發揮。同時，由於薪資單元多且各自獨立運行，加大了企業薪酬管理工作的難度。

⑷適用範圍廣泛

既適用於管理類、技術類崗位，又適用於事務類、技能類崗位；既適用於自動化、專業程度較高的組織和工種，又適用於技術程度不高、分工不細的組織和工種。

2.結構薪資制的組成

結構薪資制一般由六個部份組成，具體如下。

⑴基礎薪資

即保障員工基本生活需要的薪資，設置目的是為了保證勞動力的簡單再生產。企業主要採取按絕對額和係數兩種辦法確定和發放薪資。

絕對額辦法考慮的是員工基本生活費用佔總薪資水準的比重。

係數辦法考慮的是員工現行薪資關係及其佔總薪資水準的比重。

⑵崗位薪資

是根據崗位職責、崗位勞動強度、勞動環境等因素確定的報酬，是結構薪資制的主要組成部份。

⑶技能薪資

是根據員工本身的技術等級或職稱高低確定的報酬。

⑷效益薪資

是企業根據自身的經濟效益和員工實際完成勞動的數量和品質支付給員工的浮動薪資，具有激勵員工努力實幹、多做貢獻的作用。

⑸工齡薪資

是指根據員工參加工作的年限，按照一定標準支付給員工的薪資。用來體現企業員工逐年積累的勞動貢獻的薪資形式。

鼓勵員工長期在本企業工作、做貢獻，又可以適當調節新老員工的薪資關係。

⑹津貼、補貼

津貼是為補償員工特殊或額外的勞動消耗及因特殊原因支付的勞動報酬。

補貼主要是為保證不因物價上漲而導致員工名義薪資降低而設立的。

29 企業員工薪資成本的控制方案

員工薪資成本是人力成本的重要組成部份，直接影響到企業經營總成本的高低。為了有效控制薪資成本，使薪資總額與銷售額、利潤額保持合理的比例，特制定本方案，以供相關部門參考使用。

一、定義

薪資成本是指企業支付給員工薪資所產生的成本，具體包括薪資、獎金與福利等。

二、確定薪資總額

1. 薪資控制的關鍵在於根據公司的實際情況確定合理的薪資總額，然後以薪資總額為標準，實施薪資控制。

2. 先由公司高層決定公司整體的薪資總額與加薪幅度，然後分解到每一個部門，確定各部門的薪資總額，各部門根據部門薪資總額與員工的特點再分解到每一個員工。

三、測算薪資支付能力

1. 人工費用率

人工費用率＝人力成本/銷售額

2. 勞動分配率

勞動分配率＝人工費用/附加價值

其中：附加價值＝銷售額－從外部購入價值

從外部購人價值＝物料＋外包加工費用

3. 損益平衡點

損益平衡點銷售額＝固定費用/臨界利益率

其中：臨界利益率＝(銷售額－流動費用)/銷售額

四、調整工時及用工模式

1. 採用不定時工作制

(1)不定時工作制是指因企業生產特點、工作特殊需要或職責範圍的關係，無法按標準工作時間安排工作或因工作時間不固定，需要機動作業的員工所採用的彈性工時制度。

(2)按照有關規定，適合實行不定時工作制的崗位有以下三種。

①高級管理人員、外勤人員、推銷人員、部份值班人員和其他因工作無法按標準工作時間衡量的員工。

②長途運輸人員、計程車司機和部份裝卸人員以及因工作性質特殊，需機動作業的員工。

③其他因生產特點、工作特殊需要或職責範圍的關係，適合實行不定時工作制的員工。

(3)公司對以上崗位人員採用不定時工作制可以有效控制加班費用及由此產生的糾紛。

2. 合理使用非全日制員工

(1)非全日制從業人員是指在某一行政區域內的企業、個體工商戶、民辦非企業單位、機關、事業單位及社會團體所僱用人員的每日工作時間不超過一定的小時數，以小時為單位計算薪資的勞動者。

(2)根據崗位特點、季節性銷售高峰、每日銷售高峰時段，可安排非全日制員工從事銷售、促銷、清潔等工作。

⑶使用非全日制員工具有工作時間隨意、非薪資性成本低、人員配置靈活的特點，而且可以隨時通知對方終止用工而不必支付補償。

3. 採用勞動派遣

⑴勞務派遣亦稱員工租賃，即用人單位根據工作實際需要，向勞務派遣公司提出所用人員的標準條件和薪資福利待遇等，勞務派遣公司通過查詢勞務庫等手段搜索合格人員，經嚴格篩選，把人員名單送交用人單位，用人單位進行最後確定。然後，用人單位和勞務派遣公司簽訂勞務租賃(派遣)協定，勞務派遣公司和被聘用人員簽訂聘用合約。

用人單位與勞務派遣公司的關係是勞務關係；被聘用人員與勞務派遣公司的關係是勞動關係，與用人單位的關係是有償使用關係。

⑵勞動派遣適用崗位需同時符合以下三個條件

①臨時性崗位，指公司非常設崗位，是因特殊原因(例如季節性要求較強的工作)而在一個相對時間段內設立的崗位。

②輔助性崗位，指公司非核心的工作崗位，是補充性、助理性的工作。

③替代性崗位，指公司非必需的、且相對技術含量不高的崗位。

五、掌握薪資談判技巧

在與擬錄用的員工進行薪資談判時，要注意以下技巧。

1. 要詢問「目前薪資」：一定要瞭解其崗位的薪資情況，瞭解其職能範圍及掌控資源的程度。

2. 要詢問「期望薪資」：一般不高於目前薪資的 10%。

3. 要洽談「試用期標準」：一般情況試用期薪資為轉正後標準的 70%～90%，特殊情況可以按轉正後標準執行，但需有審批權限的審批。

4. 要聲明做背景調查，以使候選人的回答及要求更理性，避免漫天要價，減少雙方產生分歧的概率。

5. 注意談判中「薪資」的真正含義，以免產生理解偏差。薪資不僅僅指薪資，還包括福利等其他待遇，如交通補助、住房補助、商業保險等。

六、建立合理的崗位薪資制度

1. 區分固定薪資與可變薪資

⑴任何貨幣薪資不轉化為固定薪金部份，而是隨業績的變化而變化。

⑵以預先確定的個人業績衡量標準完成情況或以團隊和組織的業績來決定。

⑶凡是固定薪資之外的報酬部份，隨著個人、團隊、組織的業績變化而變化，包括利潤分享、收益分享、目標分享和小組激勵等多種形式。

2. 按崗位確定薪資構成比例

⑴一般員工：基本薪資＋獎金＋福利。

比例按職級高低而不同，其中部門經理為 6：3：1，主管為 7：2：1，員工為 8：1：1。

⑵高級管理人員：基本薪資＋獎金＋年終獎金＋福利＋股權/股票期權/虛擬股權。

⑶銷售人員：保底薪資＋銷售提成＋福利。

七、員工薪資增長控制

1. 員工薪資總額的增長應與公司上年實現的利稅、上繳利稅或銷售收入等經濟效益指標增長保持一致，二者之間的比例應掌握在 0.3～0.7:1 左右。即企業效益增長 10%，員工薪資應增長 3%～7%。

2. 員工平均薪資增長應與企業工作生產率的增長相適應，一般二者的比例關係不能高於 1：1。

3. 企業薪資利稅率的水準應與員工薪資增長同比例，後者不能高於前者。

4. 居民消費價格指數是員工薪資增長的主要參考因素，應在公司經濟效益逐步提高的基礎上，使員工實際薪資水準每年有所提高。

心得欄

30 企業員工薪資降低的執行方案

為有效控制員工薪資成本，減少人均效益下降及運營成本增加的壓力，公司可在適當時機實施降薪措施。為保證降薪策略順利有效推行，特制定本方案。

一、適用範圍

本方案適用於公司降薪政策的選擇與實施。

二、降薪實施背景

當出現以下情況時，可實施降薪措施。

1. 公司整體經營業績不佳，人均效益下降及運營成本大幅增加。

2. 員工個人績效不佳或違反公司的某些規定。

3. 人力成本達到預警指標。公司人力成本預警指標體系如下表所示。

人力成本預警指標體系

序號	指標	徵兆	預警標準
1	銷售額	連續下降	低於
2	利潤	連續下降	低於本行業平均水準
3	人事費用率	連續下降	低於
4	人力成本佔總成本比重	不斷上升	超過

三、降薪原則

1. 以公平為基礎

降薪應保持外部(公司外部同崗位薪資水準)及內部(崗位與自身水準相匹配)的公平，以減弱員工因降薪產生的不滿。

2. 有效溝通

降薪政策發佈前，人力資源部相關人員及部門負責人應與員工進行充分的溝通，以減少員工的誤會與不滿。

3. 區別對待

避免全員降薪，對績效貢獻大的員工可進行適當加薪，以避免核心員工的流失。

4. 高層以身作則

如遇公司整體經營業績不佳，高層應主動降薪承擔責任，這樣可減少降薪政策實施的阻力。

四、降薪方式

(一)直接降薪

直接降薪，即薪資收入總額下降。

1. 適用於全員時，表現為員工崗位不變，在現有崗位薪資的基礎上下調某個百分點或某個等級以達到降薪的目的。

2. 適用於個別或部份員工時，表現為員工崗位的向下調整。

(二)間接降薪

間接降薪，即薪資總額不變，獲得全額薪資的難度加大。

1. 適用於全員時，表現為通過加大績效考核的力度和難度，將原來的考核標準提高，達到間接降薪的目的。

2. 適用於個別或部份員工時，表現為通過調整原來的薪酬結構，如調低固定薪資的比例，增加績效薪資和獎金的比例實現降薪目的。

五、降薪實施步驟

(一)選擇降薪對象

1. 選擇標準：沒有達到績效標準要求，崗位貢獻低的員工。

2. 被選擇對象應是經負向激勵或培訓後仍為可用員工，否則可直接做辭退處理。

3. 不應由於個別員工績效差，連帶懲罰其他員工。

(二)選擇降薪方式

結合公司降薪背景，選擇合適的降薪方式。

(三)分層次進行雙向溝通

1. 溝通最好分層次、分步驟進行，當面溝通。可以首先由高層管理者重點和部門經理進行溝通，然後由部門經理進行本部門內部溝通，為降薪做好輿論準備。

2. 引導員工理解公司的處境，鼓勵員工和公司共患難。

3. 讓高層管理者理解員工的難處。

(四)及時回饋和改進

人力資源部應結合降薪政策的推廣，針對實施中出現的問題，及時將意見回饋給高層管理者，以便進一步改進。

(五)應對人員流失

為了應對人員流失，人力資源部需在關鍵崗位有一定的人才儲備，及時做好補充。

31 招聘成本控制方案

為有效控制人力資源招聘成本，合理劃分招聘成本，提高招聘效率，保證招聘效果，特制定本方案。

本方案適用於本公司的招聘工作。

一、招聘成本構成

1. 直接成本

包括廣告、招聘會費用、獵頭費、仲介費、員工推薦獎勵金、校園招聘費和網路廣告費。

2. 內部成本

主要是指招聘人員的薪資、福利、差旅費及其他管理費用。

3. 外部成本

主要是指招聘外地員工所發生的搬家費、置家費、探親費和交通補貼費等。

4. 機會成本

招聘成本的機會成本主要體現為：如果招聘到一名合適於本招聘職位的員工能夠給公司創造的效益；如果招聘到的員工不符合公司的要求，有可能帶來的損失、管理費、辦公費、員工試用期薪酬、培訓費及另找一名員工所需要的招聘費等。

二、事先控制——人員招聘審核權限

(一)作用

1. 有效識別人員空缺

確保所招聘職位是必需的，且無法替代，其職責不能通過工作分配、現有人員加班、臨時借調或外包的形式解決。

2. 嚴控編制

逐級審批，有利於從公司整體組織架構的角度合理配置人員，避免出現冗員，增加成本。

3. 責任承擔

當招聘工作出現重大失誤或招聘費用嚴重超支，需向審批人員問責。

(二)相關界定

1. 提出招聘需求

指相關人員提出人員招聘需求。

2. 審核權

審核權指相關人員對員工招聘工作進行審查，並做出決定的權力。該權力包括推薦給下一個審核者或者核准者進行決策並提供建議，還包括否決招聘員工，審核者行使否決權後，招聘程序自動中止。

3. 核准權

核准權指相關人員根據審核者提供的建議，最終決定員工招聘是否執行，如果同意則立刻執行，反之則不執行。

4. 報備

報備是指員工招聘完成之後，相關人員定期得到招聘統計信息的權力。

(三)人員招聘審核權限

招聘審核權限表

		審批分類	主管	部門經理	分管副總	人力資源部	總裁
需求確認	編制內	一般員工/操作人員	√	√△	○	□	
		一般管理/技術/業務人員	√	√△	△	□	
		部門經理以上			√	□	
	編制外	一般員工及輔助後勤人員		√	△	□	○
		一般管理/技術/業務人員、部門經理級以上		√	△	△	□

備註：「√」提出「△」審核「□」核准「○」報備

三、事中控制——招聘管道優化選擇

(一)招聘管道類型

招聘管道類型比較分析表

招聘管道	收費情況	招聘特點	招聘效果
內部招聘	免費	對能力強的員工可起到激勵作用，避免優秀員工被競爭對手挖走	隨時發佈信息，針對性強，品質有保證，但選擇餘地較小
員工推薦	500～1000元（用於獎勵）	針對性強，效率較高	費用低，品質有保證，但是存在管理隱患
網上招聘	2000～100000元	覆蓋面廣，無地域限制，可作為企業形象宣傳，針對性強，宣傳溝通方便	費用低，不斷使用，可選擇餘地大
校園招聘	免費或少許	可作為企業形象宣傳，直接與求職者面對面	後期培訓費用較高
報紙廣告	12cm×8cm 6000元/次	固定閱讀，媒介覆蓋影響力大，但時效性差	需花費較大精力篩選，效果一般，不利於招聘較高職位
招聘會	1000～4500元/攤位	與求職者直接面對面，效率較高	時效性強，品質難以保證，持續時間短
獵頭公司	15000～100000元	針對性強，品質高，效率高	品質有保證，但費用高

(二)選擇管道說明

1. 首先考慮內部招聘

通過內部招聘，一方面確保公司內部業務和文化的匹配，另一方面也是公司為員工的職業生涯發展提供的機會。此種方式費用低，品質有保證，大部份職位可先通過發佈內部信息的方式進行招聘。

2. 員工推薦

這種方法在尋找很難招到的人才時，如招聘高科技或信息專業人才時特別有效，可節省大量費用。

3. 網上招聘

專門的招聘網站按年收費，費用較低，可以發佈任何數量的廣告，因此可以作為一般職位招聘需求的首選方式，但對高級職位的招聘效果不理想。

4. 報紙廣告

招聘管道中，目前公司所在地區××報紙效果較好，目前處於壟斷地位。特別適用於招聘各類中高級人才職位，但費用較高。

5. 校園招聘

校園招聘適用於有長期人才培養計劃、相同需求職位較多的公司。

6. 獵頭公司

僅限於招聘部門經理及以上級別的職位使用。

7.公司需按職位不同選擇最佳招聘管道。

按職位選擇招聘管道

部門	職位分類	招聘管道：「1」首選，「2」次選					
		內部	報紙廣告	網上招聘	招聘會	獵頭公司	校園招聘
綜合管理部	人力資源管理類	1	2	1			
	行政、司機類	1	2	1			
財務部	所有職位	1	2	1			
物業部	物業管理主管		1	2			
	工程類		1	2			
市場部	客服類	1	1	1			
	市場行銷人員	1	1	1		2	
投資部	投資管理類、法律類		1	1			
運維部	IT技術支援類	1	2	1	2		2
技術部	軟體發展、項目管理類	1	2	1	2		2
	售前支持	1	2	1	2		
市場部	市場、銷售類	1	1	1			
呼叫中心	客戶服務類(普通)		2	1			2
	客戶服務類(外語)		2	1	2		2
	運營主管		1	1		2	
	項目主管		1	1		2	

四、招聘成本控制程序

(一)招聘成本類別

招聘成本類別

類別	含義
廣告費	用於發佈網路、專業雜誌、報紙招聘廣告的媒體廣告費用
仲介機構服務費	用於支付獵頭公司、普通人才服務機構的招聘服務費用
會務(場租)費	用於支付人才招聘會中公司招聘展台的費用
資料費	用於支付招聘材料的印刷、製作、採購的費用
推薦費	用於支付人才推薦者的傭金的費用
公關費	用於支付招聘活動發生的公關費用
相關費用	用於支付招聘活動發生的差旅、餐飲、食宿的費用
其他	與招聘相關的其他費用

(二)程序

1. 各部門制定預算

各部門招聘成本預算情況。

部門招聘成本預算表

所需職位	空缺職位數	擬採取的招聘方式	預算費用
基層員工			
中層員工			
高層員工			
人力資源部意見	負責人簽字： 年　月　日		
總經理審核意見	負責人簽字： 年　月　日		

2. 借款

人力資源部依據招聘計劃和費用預算，統一到財務部申請借款。

3. 費用登記

(1)每次進行招聘時，各部門招聘負責人都應在《招聘成本登記表》上簽名，以此作為劃分招聘成本的確認依據。

(2)《招聘成本登記表》上應註明招聘負責人和實際花費的招聘費用，參加招聘的人員可對其進行監督。

招聘成本登記表

招聘項目		時間及地點	參加部門	各部門招聘負責人簽名
備註		招聘負責人		
		招聘費用		

4. 分攤方法

招聘成本依據參加招聘會的人數由各單位分攤，但由事業部組織並以事業部名義發佈的招聘廣告、網路招聘及由此發生的廣告費、網路費、用車費由事業部本部承擔，在招聘過程中發生的其他費用(如住宿費、業務招待費等)由各單位承擔。

各單位費用支出＝(招聘費用總額÷參加總人數)×各單位參加人數

5. 分攤單位劃分

月份招聘成本分劃報表

部門支出／招聘項目	綜合管理部	技術部	市場部	投資部	運維部	工程物業部	財務部	呼叫中心	合計
合計									
備註									

6. 劃賬流程

⑴人力資源部依據《招聘成本登記表》編制《招聘成本分劃報表》。

⑵《招聘成本分劃報表》由招聘主管編制，並報財務部審核。

⑶《招聘成本分劃報表》於每月30日前報財務部。

⑷財務部依據《招聘成本登記表》和《招聘成本分劃報表》對招聘成本進行劃賬。

7. 劃賬方式

劃賬採用每月一劃的方式進行。

培訓費用管理控制辦法

為完善培訓費用管理，合理利用各類資源，有效控制培訓費用，特制定本辦法。

本辦法適用於公司總部及各分公司培訓費用的管理。

第 1 章　總則

第1條　管理職責

1. 培訓發展部負責公司培訓費用歸口管理，負責確定培訓費用的計提標準、使用範圍和使用標準，負責指導和監督檢查各子公司培訓費用的使用情況。

2. 各分公司人力資源部負責本單位培訓費用的具體管理。

3. 財務部負責培訓費用的計提和報銷審核工作。

第2條　培訓費用的計提

1. 培訓費用分為日常培訓費用和專項培訓費用。

2. 日常培訓經費依據有關規定，按照員工薪資總額的5%計提。其中，3%為公司總部及各分公司的培訓經費，另2%歸公司總部支配。

3. 專項培訓費用根據特定用途設立，專款專用，由培訓發展部提出，主管副總裁審核，總裁批准。下列項目可作為專項培訓項目：教材開發、印刷、出版，出國學習深造，重大投資配套培訓項目，非基建培訓設備的購置等。

4. 培訓教室、辦公室和培訓公寓建設、修繕費及培訓基地建設費不列入培訓經費，從其他相關經費中列支。

第 2 章　培訓費用說明

第3條　培訓費用類別

培訓費用類別一覽表

費用項目	費用類別	費用明細
授課費	內部費用	內部兼職講師講課津貼
	外訓費用	外部培訓機構合作費用、繼續教育費用等
	外請費用	外聘培訓師授課費
	外請費用	網路遠端學習工具費用
食宿差旅費	外訓費用	內部培訓師外派食宿差旅費、外派員工培訓食宿差旅費
	外請費用	外聘培訓師差旅費、住宿費及餐費
	內部費用	內部培訓實施期間食宿費用(包含煤氣費)
培訓材料費	內部費用	培訓場地費，指集中培訓時租賃培訓場地的費用
	內部費用	培訓資料費，如教材編印、培訓資料製作、購買培訓光碟、書籍等費用
	內部費用	培訓文具費，如麥克風電池、證書、學員牌等

第4條　各培訓課程的管理職責

1. 各培訓課程內容、對象及管理職責如下表所示。

各培訓課程的管理職責一覽表

<table>
<tr><th>課程</th><th>培訓對象</th><th>統籌</th><th>預算</th><th>執行</th></tr>
<tr><td rowspan="2">新員工</td><td>所有新進生產線員工</td><td>人力資源部</td><td>各生產部門</td><td>各生產部門</td></tr>
<tr><td>所有新進非店面線新員工</td><td colspan="3">培訓發展部</td></tr>
<tr><td>崗位培訓</td><td>主管級(不含)以下人員</td><td>培訓發展部</td><td>各部門</td><td>各部門</td></tr>
<tr><td>領導力與人才發展類</td><td>主管級以上管理人員、梯隊人員</td><td colspan="3" rowspan="3">培訓發展部</td></tr>
<tr><td>學歷與技術進修獎勵</td><td>符合要求的員工</td></tr>
<tr><td>其他培訓</td><td>普通員工</td></tr>
</table>

2. 培訓費用審批程序

(1) 各部門主要負責日常培訓工作，如新員工培訓、崗位培訓，由其自行預算。如在預算內可直接使用，如在預算外需向管理部門申請。培訓費用預算明細表如下表所示。

培訓費用預算明細表

<table>
<tr><th rowspan="3">序號</th><th rowspan="3">項目名稱</th><th rowspan="3">參訓人數</th><th colspan="8">培訓費用</th><th rowspan="3">備註</th></tr>
<tr><th>人員費用</th><th colspan="3">場地及設施設備費用</th><th colspan="4">材料費用</th></tr>
<tr><th>講師津貼</th><th>場地費用</th><th>設備費用</th><th>設備折舊</th><th>資料印刷</th><th>教材購買</th><th>食宿費</th><th>文具費用</th></tr>
<tr><td></td><td></td><td></td><td></td><td></td><td></td><td></td><td></td><td></td><td></td><td></td><td></td></tr>
<tr><td></td><td></td><td></td><td></td><td></td><td></td><td></td><td></td><td></td><td></td><td></td><td></td></tr>
<tr><td></td><td></td><td></td><td></td><td></td><td></td><td></td><td></td><td></td><td></td><td></td><td></td></tr>
<tr><td></td><td></td><td></td><td></td><td></td><td></td><td></td><td></td><td></td><td></td><td></td><td></td></tr>
<tr><td>合計</td><td colspan="11"></td></tr>
<tr><td>審核</td><td colspan="11">簽名：　　日期：</td></tr>
<tr><td>批准</td><td colspan="11">簽名：　　日期：</td></tr>
</table>

(2)各部門應於每月 18 日前將下月培訓規劃及預算報總部培訓發展部審核，經審核無異議後再填到預算表中，上報上級審批。

第 5 條　各培訓課程產生費用明細

各培訓課程費用明細表如下表所示。

各培訓課程費用明細表

課程對象	允許發生費用						
	外訓費用	外請費用	內部費用				
			講師津貼	食宿費用	培訓場地費	培訓資料費	培訓文具費
新員工			√	√	√	√	√
崗位培訓			√		√	√	√
領導力與人才發展類	√	√					
學歷與技術進修	√						
其他培訓	√	√	√	√	√	√	√

第 3 章　各項費用預算及使用標準

第 6 條　授課費

1. 內部兼職培訓師津貼

(1) 定義。是指公司內部除負責原職位工作職責外，還承擔部份培訓課程教學的員工。

⑵內部兼職培訓師分為四類，具體如下表所示。

公司內部兼職培訓師分類表

兼職培訓師類別	技術等級	備註
培訓講師	員級	經公司聘用後任職，下同
助理培訓師	初級	
培訓師	中級	
高級培訓師	高級	

⑶兼職講師的課時費設立

①課時費是指兼職培訓師承擔由培訓發展部安排的公司整體範圍內集中教育培訓項目教學工作時，給予的工作報酬，不包括其在本系統內承擔的培訓教學工作。

②各部門的新產品介紹、新業務推廣等相關業務培訓屬其職責範圍，此類培訓無課時費待遇。

③各兼職培訓師如擔任本部門新員工的崗位培訓引導人，按其他有關規定執行獎勵標準，不享受課時費待遇。

⑷課時費計算標準按照培訓師級別劃分，如下表所示。

內部培訓師課時費標準

單位：元/小時

培訓師級別	基本課時費	正常工作時間課時費	非工作時間課時費
員級(P1)	20	20	30
初級(P2)	30	30	45
中級(P4)	50	50	75
高級(P5)	100	100	150

2. 外部培訓師授課費用參照下表執行。

國內培訓講課費用的參考價格

培訓師級別	授課費用參考(元/天)	培訓師類別
資深專家	2～3萬元	著名的商學院教授、知名企業家、高級諮詢專家
專家	1.3～1.5萬元	高級諮詢顧問，比較有名的學院教授、副教授
企業家/學者	1～1.5萬元	外企的副總裁、總監，一般學院的教授，諮詢顧問
一般培訓師	0.4～0.8萬元	某專業有豐富經驗者、學院副教授、一般諮詢顧問

第7條　食宿差旅費用

1. 內部外派人員：按公司出差管理辦法標準預算與執行。

2. 外聘培訓師：原則上，公司要為外聘培訓師提供住宿，並按培訓師具體情況承擔其往返交通費用，住宿條件及交通費用均以培訓合約約定為準。

3. 參加培訓人員住宿費標準

⑴分公司有宿舍的，根據當地租金標準執行。

⑵分公司無宿舍的，住宿費用標準如下表所示。

參加培訓班人員的住宿標準

培訓項目	級別	費用標準		備註
		A類：省會城市或直轄市	B類：A類以外其他地域	
培訓班	旅店	80元/人/天	60元/人/天	

第8條　培訓材料費

1. 培訓場地費，即集中培訓時使用培訓室的折舊、更新費用及租賃培訓場地的費用等。

⑴培訓時以公司培訓場地優先

根據培訓室設施設備管理辦法，在培訓實施的前期、中期及後期階段，培訓組織人員每月對各類設施設備進行檢查，確保培訓工作可以正常開展。每月設施設備的折舊、維修費標準為300元/月。

⑵出現以下兩種情況時可外租場地

①如兩項培訓在同一時間進行，可外租培訓場地。

②培訓場地有限，實際參訓人數大於培訓室可容納的人數。

場地費標準如下表所示。

培訓場地外租費用標準

培訓項目	培訓人數	費用標準		備註
		A類：省會城市或直轄市	B類：A類以外其他地域	
新員工崗位培訓	50人以上	1200元以內	800元以內	全天，含投影儀

2. 材料費用

材料費用是指日常培訓實施期間產生的培訓資料費、內部教材編制、印刷費用、購買培訓光碟、培訓書籍和培訓文具費用。

⑴費用標準

內部教材編制以及手冊、資料印刷費用標準為：400元/月。

培訓期間培訓文具標準制定公式：

文具費用標準＝參訓人數×3元/人/天。

⑵如公司倉庫已有的辦公物料，原則上不允許再採購。

⑶培訓活動所需材料如下表所示，供參考。

培訓活動所需材料一覽表

序號	項目
1	培訓教材
2	培訓用學員小禮品
3	學員胸牌
4	麥克風電池
5	攝像機電池/電源線
6	電源插板
7	電腦碟片(U盤、光碟、移動硬碟)
8	學員證書

第 4 章　附則

第9條　本辦法由公司人力資源部負責解釋、補充及修訂。

33 員工教育經費使用規定

為充分發揮員工教育經費的作用，確保員工教育經費的安全、高效使用，根據相關法律、法規，結合本公司的實際情況，特制定本規定。 本規定適用於本公司及下屬公司。

根據相關規定，結合本公司的實際情況，員工教育經費按員工全年薪資總額的 2.5%提取使用，列入成本開支。

第 1 章　員工教育經費的開支範圍

第 1 條　開支範圍

1. 培訓(養)費，指公司統一組織的員工學歷教育培養費；員工崗位培訓、安全技術教育、職業資格培訓等培訓費；各類專業技術人員和管理人員的繼續教育、業務短訓和業務進修培訓費等。

2. 課酬金，指聘請兼職教師的兼課酬金。

3. 班費用，指由本司及下屬於公司培訓班開班所發生的培訓資料費、出卷費、閱卷費和監考費，學員在培訓學習期間的住宿、交通費等。

4. 資格審定與鑑定費，指公司在職員工晉升工人技師、工人高級技師所需的評審費，工人技能等級鑑定費等。

5. 公務資料費，指專職教職員工的辦公費和資料費、教學器具的維修費、教學實驗費、培訓教材編印費等。

6. 設備購置費，指購置員工教育用一般教學器具、實驗儀器和圖書等費用。

7. 學員生活補助費，指各類學員在規定時間內的脫產培訓或函授面授所享有的生活補助費。

8. 員工教育目標管理年度考核兌現獎。

9. 其他必須由職教經費支付的零星開支。

第 2 條　下列各項不包括在員工教育經費以內，應按有關規定開支。

1. 專職教職員工的薪資和各項勞保、福利、獎金等，以及按規定發給脫產學習的學員薪資。

2. 學員個人學習用參考資料、計算尺(器)、小件繪圖儀器(如量角器、三角板、圓規等)和筆墨、紙張等其他學習用品，由學員自理。

3. 舉辦員工教育所必須購置的設備，凡符合固定資產標準的，按規定列支。

4. 屬於公司開發新技術、研究新產品的技術培訓費用。

第 2 章　員工教育經費的使用與管理

第 3 條　教育經費必須專款專用，不得截留和挪用。

第 4 條　公司按員工薪資總額的 1%提取教育經費，用於公司統一舉辦各類短期培訓以及培訓基地的建設等工作；各分公司按員工薪資總額的 1.5%提取教育經費用於本公司員工教育培訓工作。

第5條　公司集中使用的教育經費：統一結算單位由公司財資部直接按薪資總額1%提取；獨立核算單位按薪資總額1.5%提取的教育經費匯入公司財資部指定的帳號。

第6條　凡由公司的教育培訓，公司各部門和相關單位要提出培訓項目及經費預算，由人力資源部收集匯總，經公司員工教育委員會審議，報公司批准列入公司培訓計劃與經費預算。計劃外需增加的培訓項目，有關部門和相關單位應提出書面申請，必須按公司審批程序辦理。

第 7 條　公司的教育培訓經費，以審核批准的經費預算為限額。但如果出現實際參加人數和培訓時間少於原計劃等現象，其費用要在原預算中做相應扣減。

第 8 條　辦班管理費按——元/人/天撥付給承辦單位(含辦班所開支的一切雜費)。

第 9 條　組織辦班單位(部門)要根據培訓班的實際情況，據實將需購置資料費列入培訓班的預算，待預算批准後，憑發票報銷。

第 10 條　組織辦班的子公司(部門)要根據聘請教師的實際情況，將教師授課費列入培訓班預算，待預算批准後，據實支付。

第 11 條　辦班管理費、資料費、教師授課費待培訓班結束後，由承辦單位填寫有關報表，並附上有關發放清單，經組織辦班的負責人簽字，報公司人力資源部審核後撥付。

第 3 章　考核與監督

第 12 條　公司將教育經費的提取和使用情況列入人力資源工作管理考核內容。

第 13 條　各子公司教育經費要建立使用計劃和支出明細賬，按計劃掌握使用。

第 14 條　財務、審計、監察、人力資源等部門要嚴格履行職責，加強對教育經費提取和使用管理情況的檢查監督。

第 15 條　加強教育經費專項賬目的管理，每年各子公司教育、財務部門應向本公司員工教育委員會和公司員工教育委員會、人力資源部、財務部彙報教育經費使用情況。

第 16 條　對克扣、侵佔、挪用、貪污教育經費，嚴重違紀的行為，公司及下屬子公司應對直接責任人和主要負責人視其情節和人事管理權限進行嚴肅處理，構成犯罪的移交司法部門，依法追究刑事責任。

34 員工離職成本的控制方案

一、目的

為了有效控制員工離職所產生的成本，特制定本方案。

二、適用範圍

本方案適用於離職成本的預防與控制。

三、定義及組成

(一)離職成本

離職成本是指放棄一個員工給企業帶來的成本。

(二)離職成本情形

員工離職主要有兩種情形，一是員工辭職，二是公司辭退員工。兩種情形會給公司帶來以下離職成本。

1. 離職前的成本

辭職前員工的工作效率會不同程度地降低，或者缺勤增加，或者工作量減少。

2. 分離的成本

對於辭退的員工，公司要支付其離職的薪資即補償金。如果相關負責部門對離職處理不當而導致員工的訴訟，還會產生相應的訴訟費用。

3. 空缺成本

職位的空缺會導致一系列的問題。例如，可能喪失銷售的機會和潛在的客戶，可能支付其他加班人員的薪資，這些問題都需要支付空缺成本。

4. 再僱用的成本

重新招聘員工，填補空缺的職位，需要付出大量的成本。包括招聘廣告的費用，借助獵頭公司的費用，安置新招聘員工的費用等。

四、離職成本控制策略

(一)員工辭職

1. 完善相關制度

為儘量減少由於員工辭職帶來的空缺成本及避免事後糾紛，應制定《員工離職管理制度》，須至少包含以下五點事項。

⑴提前 30 日通知相關部門。

⑵部門負責人安排工作交接。

⑶與財務部核對賬目，結清財務借款、欠款、發票及各項對外賬款。

⑷與行政部核對固定資產，辦理清退手續。

⑸不符合或未完成以上事項，扣發當月薪資並不予辦理人事關係及保險的調轉。

2. 掌握離職面談技巧

為瞭解員工離職原因，防止流失更多員工，面談應具備以下技巧。

⑴面談應該有目的，有提綱，有針對性。

⑵面談地點應該具有隱秘性，避免被打斷和干擾。應選擇輕鬆、明亮的空間，好的訪談環境有利於離職員工無拘無束地談論問題。

⑶安排足夠的時間，可以使離職員工暢所欲言。

⑷真誠的交談，以得到有價值的回饋。

⑸做好面談記錄。面談結束之後，應匯總面談記錄，針對內容分析整理出該員工離職的真正原因，並且提出改善建議以防範類似情況再度發生。

3. 簽訂《培訓服務期協定》

為減少因員工離職帶來的損失，在為員工提供專業技術培訓時，應當要求員工簽訂《培訓服務期協定》。

⑴向員工提供專業技術培訓時，應與員工簽訂《培訓服務期協定》，並要求員工填寫《培訓記錄》、提交《培訓報告》、載明培訓時間，以避免發生爭議。

⑵在《培訓服務期協定》上註明「由公司提供培訓費用」，並保留培訓費用的相關憑證或單據。在員工培訓結束後，要求員工在上述單據上簽字確認，以此作為公司為員工進行專業技術培訓、提供培訓費用的證據。

⑶《培訓服務期協定》的違約金不得超過公司提供的培訓費用，當發生員工違約時，要求其支付的違約金不得超過服務期尚未

履行部份所應分攤的培訓費用。因此應細化公司支出的培訓費用，將培訓中涉及的講課費、教材費、交通費、住宿費等全部歸入培訓費用中。

⑷公司應在員工通過試用期考核成為正式員工後，再向其提供專業技術培訓。

(二)辭退員工

1. 嚴格按照法規定辭退

嚴格按照法規定辭退，以避免不必要的訴訟費用及賠償費用。

⑴當員工不適合崗位或績效連續一定時期不達標時，可採取協商解除合約的方式辭退。

這種方式比較靈活，雙方當事人通過協商可以堅持、也可以放棄自己的權利，自由度較大，往往可以達到不傷和氣、圓滿離職的效果。

⑵違紀辭退

①弄清違紀事實，掌握相關證據。

②準確使用法律手段。

③具體適用公司規章、工作合約和集體合約。

④根據事實和依據起草《解除合約通知書》。

⑤可依約要求員工承擔違約責任。

⑥重點掌握員工違紀的憑證和公司規章公示過的憑證，以做好面對爭議的準備，避免損失。

⑶正常辭退程序

①依法確認員工是否符合被辭退的條件。

②具體適用企業規章、工作合約及集體合約。

③著重認定是否履行了相關程序。

④根據事實和依據起草《解除合約通知書》。

⑤須依法、依約向員工承擔違約責任。

⑷裁員程序

①依法確認公司是否符合裁員的條件。

②提前 30 日向工會或者全體員工說明情況。

③聽取工會或員工的意見。

④起草裁員文件，包括裁員的理由、履行的程序、裁員的方案，一併報送有管轄權的保障行政部門。

⑤穩妥實施解除合約的方案。

⑥須依法、依約向員工承擔違約責任。

2. 及時給予辭退福利

辭退福利指公司在員工工作合約到期之前解除與員工的關係，或者為鼓勵員工自願接受裁減而提出給予補償的建議。

心得欄

35 員工加班費用管控辦法

為控制加班時間，杜絕虛假加班，減少因加班費產生的糾紛，特制定本辦法。本辦法適用於公司員工加班費的管理與控制。

第 1 章　加班界定

第1條　工作中出現以下情況時，按照申請及審批程序安排加班。

1. 原定工作計劃由於非自己主觀的原因(即設備故障、臨時穿插了其他緊急工作等)而導致不能在原定計劃時間內完成但又必須在原定計劃內完成的(如緊急插單，而原訂單也必須按期完成)。

2. 臨時增加的工作必須在某個既定時間內完成的(如參加展會)。

3. 某些必須在正常工作時間之外也要連續進行的工作(如搶修設備)。

4. 某些限定時間且期限較短的工作(如倉庫盤點)。

5. 其他公司安排的加班(加點)工作。

第2條　嚴禁虛報、謊報加班及無工作任務加班。

第 2 章　加班申請與審批

第3條　任何計劃加班的部門和員工必須在事前履行申請和審批手續；如有特殊情況事前來不及辦理，也要事後補批，同時有證明人簽字。《加班申請單》如下表所示。

加班申請單

部門	姓名	預定加班時間			事由
		起	訖	時數	

總經理：　　主管副總：　　部門經理：　　填表：

第4條　加班的申請及審批的權限和流程

1. 一線操作工的加班（含工廠主任）由工廠主任提出申請，送生產部經理審批，並交人力資源部備案。

2. 公司職能部門普通員工的加班由本人提出申請，送本部門經理審批，並交人力資源部備案。

3. 部門經理加班由本人提出申請，送主管副總審批，並交人力資源部備案。

4. 副總經理加班由總經理審批，並交人力資源部備案。

第5條　所有加班人員一律以機打加班卡的形式進行考勤。

第 3 章　加班費的核算基礎

第6條　加班費計算基礎

公司員工薪資結構分為崗位技能薪資及績效薪資兩部份，加班費計算以固定的崗位技能薪資為基礎，浮動的績效薪資不計入計算基礎。

第7條　加班費計算辦法

1. 工作日加班發放150%的加班薪資。

2. 公休日加班發放200%的加班薪資。

3. 法定節假日加班發放300%的加班薪資。

4. 加班薪資計算以小時為基礎，小時薪資基數＝崗位技能薪資÷(21.75×8)

5. 加班薪資每月結算一次，並編制《加班費明細表》，報財務部審核後，由人力資源部隨當月薪資一起發放。

加班費明細表

部門：　　　　　　　　　　　　日期：　　年　月　日

<table>
<tr><th colspan="4">日期</th><th rowspan="3">工作內容及地點</th><th rowspan="3">實際加班時間(時數)</th><th rowspan="3">加班費</th><th rowspan="3">午餐費</th></tr>
<tr><th colspan="2">起</th><th colspan="2">訖</th></tr>
<tr><th>月</th><th>日</th><th>月</th><th>日</th></tr>
<tr><td></td><td></td><td></td><td></td><td></td><td></td><td></td><td></td></tr>
<tr><td></td><td></td><td></td><td></td><td></td><td></td><td></td><td></td></tr>
<tr><td></td><td></td><td></td><td></td><td></td><td></td><td></td><td></td></tr>
<tr><td></td><td></td><td></td><td></td><td></td><td></td><td></td><td></td></tr>
<tr><td></td><td></td><td></td><td></td><td></td><td></td><td></td><td></td></tr>
</table>

總經理：　　會計：　　出納：　　審核：　　申請人：

第4章　加班的監督控制

第8條　人力資源部通過檢查工作日報，核對考勤刷卡記錄及門禁系統記錄，組織人員定期或不定期進行檢查等形式對加班情況進行監督。

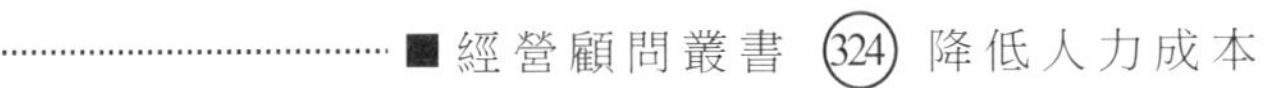

第9條　經檢查發現有虛報加班，或沒有明確工作任務而加班的，要對當事人及當事部門負責人進行通報批評，並扣發當月績效薪資。

第 5 章　特殊崗位人員加班解決辦法

第10條　特殊崗位種類

1. 高級管理人員、外勤人員、推銷人員、部份值班人員及其他因工作無法按標準工時衡量工作量的崗位人員。

2. 長途運輸人員、部份裝卸工及因工作性質特殊需機動作業的人員。

3. 其他因生產特點、工作特殊需要或職責範圍需自行支配工作時間的人員。

第11條　對於以上人員，公司可申請審核通過，安排實行不定時工作制。

第 6 章　附則

第12條　本辦法由人力資源部負責解釋、補充及說明。

心得欄

36 員工福利費用控制辦法

為避免員工福利費的不合理支出和無效開銷，嚴格控制員工福利費用的增長，特制定本辦法。

本辦法適用於公司員工福利費用的管理與控制。

第 1 條　原則

1. 加強員工福利費的管理，嚴禁隨意提高發放標準，擴大開支範圍。

2. 加強福利費收支預算管理，遵循量入為出、略有節餘的原則。

3. 嚴格按照財務制度進行會計核算，單獨設置帳冊，進行準確核算。

第 1 章　員工福利費用控制職能

第 2 條　在分管副總經理的領導下，財務部是員工福利費的主管部門，對員工福利費實行歸口計劃管理，控制開支，正確使用。其職責包括以下內容。

1. 對員工福利費的使用，一旦發現有弄虛作假或違反財務紀律的行為，財務部有權拒絕報銷，並向分管副總經理彙報。

2. 負責員工福利費報銷憑證的審核、報銷、記賬和會計報表填制工作。

3. 制定《員工福利費承包方案》並組織實施。

4. 負責對用於購置福利性固定資產的增資核算。

5. 負責對福利費支出辦理社會集團購買力批准手續。社會集團購買力，是指在一定時期內，公司使用的經營收入，通過市場購買供集體使用的公用消費品的貨幣支付能力，包括購買傢俱、辦公用品、文娛用品、書報雜誌、交通用具、炊事用具和勞動保護用品等支出。

第 3 條　人力資源部及採購部等有關部門是使用員工福利費的執行單位，其職責如下。

1. 人力資源部對員工福利成本進行預算。

2. 人力資源部負責掌握員工福利性各項津貼的執行標準，並及時通知財務部組織發放。

3. 採購部負責福利品的採購及發放。

第 2 章　員工福利費控制內容與要求

第 4 條　福利費開支範圍

1. 過節費，包括發放的物品、節日補助(不包含加班補助)、員工節日聚餐等。

2. 員工活動費，包括旅遊(春遊、秋游)費、文體活動(含用品)費、員工聯誼活動費(包括場地租用費、餐費、獎品等)等。

3. 員工生活用品購置費，包括購買傢俱、廚具、燃氣等員工集體宿舍必需的各種用品所花費的各項費用。

4. 其他費用，包括員工困難補助費、撫恤金、喪葬費、工傷醫療費、工傷補助費、探視費、慰問員工費、員工體檢費等。

員工福利費用預算程序示意圖

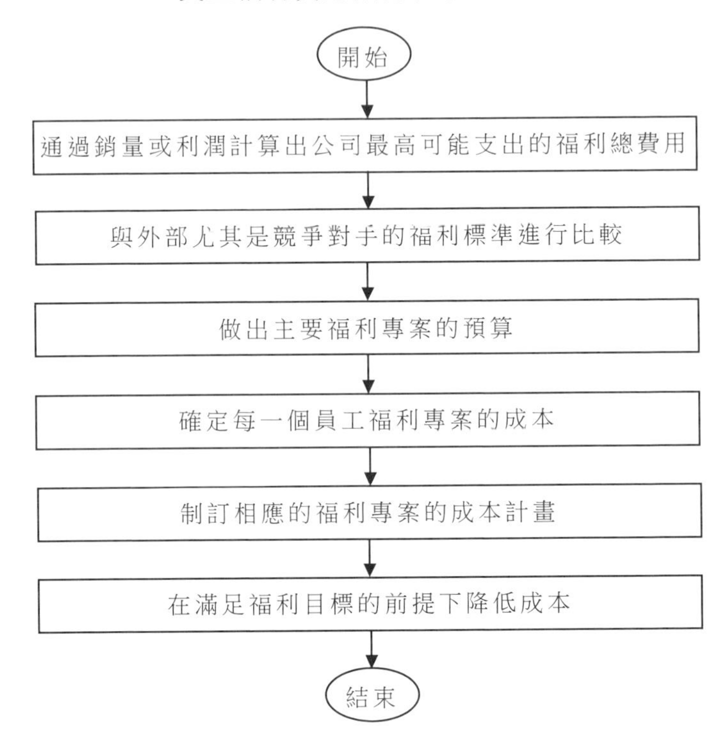

第 5 條　不應從福利費用中支出的項目

1. 企業員工獎金、津貼和補助支出。

2. 商業保險屬於個人投資行為，所需資金不得從應付福利費中列支。

3. 業務招待費支出。

4. 其他與福利費無關的各項支出。

第 3 章　員工福利費控制程序

第 6 條　人力資源部年末編制下年度員工福利成本預算。

第 7 條　財務部於年初編制出《員工福利費計劃》，下達到各單位執行。

第 8 條　根據批准的計劃，由財務部按季匯總辦理控購物資的審批手續。

第 9 條　員工福利費的收支賬務程序比照一般會計制度辦理，支出金額超過 2000 元以上者需提交主管副總經理審批。

第 10 條　財務部每半年編制《福利費支出明細表》，交主管副總經理審批並公佈。

第 4 章　附則

第 11 條　本辦法執行情況，由財務部負責人按月檢查與考核。

第 12 條　考核內容為本辦法規定的責任、工作內容及要求部份。

第 13 條　考核結果要與公司責任制考核掛鈎。

第 14 條　本辦法自____年____月____日起實施。

心得欄 ------------------------------

----

37 員工制服費控制方案

為了提高公司形象，加大管理力度，展示員工的精神面貌，公司決定全體員工穿著統一制服上班。為了合理控制制服費用支出，明確員工使用及賠付責任，特制定本方案。

本方案適用於公司員工制服及制服費用的管控。

一、員工制服的製作與發放

1. 員工制服的製作由管理部統籌招商承制，按員工實有人數加製 10%～15%以備新進人員之用，分支機構如有特殊原因可比照此項辦法在當地招商承製，但必須將製作計劃預算交由管理部辦理。

2. 每位員工每年製發夏冬服各一套。

3. 凡本公司所屬員工在職期間均有權利享受制服待遇。

4. 員工到職完成保證資料後即可領取工作服(臨時工及包工均不發服裝)。

5. 製發服裝時由各部門依據人數編制名冊蓋章領用。

二、服裝分類與更換

1. 員工制服分夏冬兩個季節製作發放，按崗位不同，分為八種類型，如下表所示。

員工制服分類一覽表

季節 人員	夏裝	冬裝
管理人員	襯衣西褲(裙)(兩套，5000元/套)	西裝制服(兩套，6000元/套)
辦公室工作人員	襯衣西褲(裙)(兩套，3000元/套)	西裝制服(兩套，5000元/套)
文員	同上	同上
保安員	保安服(兩套，2500元/套)	保安服(兩套，4000元/套)
清潔工	藍領工裝(兩套，1000元/套)	藍領工裝(兩套，1500元/套)
修理工	藍領工裝(兩套，1000元/套)	藍領工裝(兩套，4000元/套)
司機	藍領工裝(兩套，2500元/套)	藍領工裝(兩套，1500元/套)
廚工	白工衣(兩套，1000元/套)	白工衣(兩套，1500元/套)

2. 使用期限

管理人員、辦公室工作人員、文員、保安兩年，其他人員一年。

3. 換季時間

夏裝：每年的 5 月 1 日至 10 月 31 日。

冬裝：每年的 11 月 1 日至次年 4 月 30 日。

三、制服的使用控制

1. 制服在使用期限內如有損壞或遺失，由使用者個人按月折價從薪資中扣回制服款，並由管理部統一補做制服。

2. 員工辭職或辭退時需收取服裝費用，按工作年限及服裝的實際費用計算。

⑴自制服發放之日起，工作滿兩年以上者，辭職(或辭退)時，不收取服裝費用。

⑵自制服發放之日起，工作滿一年以上兩年以下者，辭職時，收取70%的服裝費用；被辭退時，收取50%的服裝費用。

⑶自制服發放之日起，工作不滿一年者，辭職時，收取全部服裝費用；被辭退時，收取 70%的服裝費用。

3. 新員工試用期滿後，方可配備制服，如有特殊情況需在試用期著制服的，制服的使用期限從試用期滿之日算起。

4. 員工上班必須按規定統一著裝。未按規定著裝者，一經發現罰部門經理 100 元/人次。

5. 未能及時領取制服和制服不合身者，各部門應在三個工作日內將名單及型號報人力資源部，否則按不著裝處理。人力資源部必須在10個工作日內解決，否則罰人力資源部經理100元/人次。

心得欄 ------------------------------------

38 有效進行人力成本預算的方法

做人力成本的分析和預算，真正的目的在於控制和降低人力成本，這裏有一個觀念轉變的問題。控制是建立在預算的前提下的，只有將成本控制好了，將其控制在手心，才有降低的可能。那麼如何控制人力成本呢？可分為兩個部份：一個是做好預算，另一個是控制方法，沒有預算的控制是擠壓，是瞎控制。

人力資源成本控制是指對人力資源的取得成本、開發成本、替代成本、使用成本和日常人事管理成本的發生數額和效用進行掌握、調節的過程。人力成本的預算和控制是所有從事人力資源管理的工作者都應該瞭解和掌握的知識。人力成本預算的方法大致分為五種。

1. 定員定編法

我們做人力成本預算的時候，有兩種推算方法。

第一種方法，我們稱之為自上而下法，它從一開始就確定企業總體規模，並逐次分解，強調企業總規模和部門總規模對崗位定員作為崗位定員的總體限制，這樣能使各部門自覺按合理水準確定定員。根據一個比例，往年是多少，就能推算出今年的是多少。

第二種方法為自下而上法，企業現在有多少人，還要增加那些人，還要增加多少人，還要減掉多少人，根據這些得出一個數據。這個數據是比較準確的，企業是根據這個來發薪資的。從現在出發，得出一個未來的數據，這個數據比從歷史出發得出的數據更準確。

這兩種推算方法都被企業所使用，在人力資源管理工作中，最常用的方法就是定員定編的預算方法。所謂定編定員，就是採取一定的程序和科學的方法，合理地確定組織機構的設置並對各類人員進行合理的配備。

定編定員是企業人力資源管理的基礎，它為企業制定生產計劃和進行人事調配提供依據，有效防止企業在人員招聘方面的盲目性，促進企業不斷地改善人事組織，克服機構臃腫，人浮於事，效率低下的現象，提高工作生產率。定編更多地是從「編制」這個角度進行分析，定員則更多地是從「人數」這個角度進行分析。

定編定員是一種科學的用人標準，它要求根據企業當時的產品方向和生產規模，在一定的時間和技術條件下，本著精簡機構、節約用人、提高工作效率的要求，規定各類人員必須配備的數量。它要解決的問題是企業各工作崗位配備什麼樣的人員，以及配備多少人員。

某企業定崗定編數據列表如表 38-1 所示。

表 38-1　某企業定崗定編數據列表

			2007年實際	2008年預計	年度調薪前總額(元)	調薪幅度	調薪後總額(元)
管理人員	副總級	人數	7	7	1795752	103.00%	1849625
		人均薪資/元	256538	256536			
	部門經理級	人數	33	31	5142528	105.00%	5451080
		人均薪資/元	165888	165888			
	……	人數	……		0		0
		人均薪資/元	……				
研發人員	高工級	人數	13	17	3697092	114.00%	4214685
		人均薪資/元	217478	217476			
	工程師級	人數	38	44	7030848	103.00%	7241773
		人均薪資/元	159792	159792			
	……	人數	……		0		0
		人均薪資/元	……				
行政人員	專員級	人數	137	130	10480080	103.00%	10794482
		人均薪資	80616	80616			
	文員級	人數	212	210	163963800	105.00%	172161990
		人均薪資/元	788216	780780			
銷售人員		人數	23	30	3883320	100.00%	3883320
		人均薪資/元	129444	129444			
生產人員		人數	2718	3200	54067200	120.00%	64880540
		人均薪資/元	16896	16896			
					250060620		270477595

該方法是建立在組織架構設計、定員定編的基礎才能實現的，需要用到人力資源管理整性的知識，但數據準確。

總而言之，算出該加入、減入的數量之後，在崗位薪資絕對值不變的情況下，大概的薪資總額就可以算出來了。定崗、定編、定員之後，再要時的產品方向和生產規模，在一定的時間和技術條件下，本著精簡機構、節約用人、提高工作效率的要求，規定各類人員必須配備的數量。它要解決的問題是企業各工作崗位配備什麼樣的人員，以及配備多少人員。

用定員定編的方法來推算，是先把人員分成不同的職務等級和職務類別，如管理人員、研發人員、銷售人員各有多少，各自所佔的比例是多少。它透過對企業用人方面的數量的規定，促進企業少用人，多辦事，從而不斷提高工作生產率。我們要做好定員定編推算法，例如我們要做組織架構的設計，看某個崗位的管理寬度是不是越來越寬了，還是越來越窄了。

理論上講，人力資源開發可以把一個人幹一件事情開發成兩件事情，以前兩個人幹的活，現在一個人來幹遊刃有餘。如果真正做到了，那就證明能力提升了，效率提高了。

組織架構的設計還涉及職能的分佈，有了職能的分佈，才會有定崗，定了崗才會定編，定了編才會定員。

從表 38-1 中的數據可以看出，2007 年副總級以上的人數是 7 人，平均薪資是 25.6 多萬元。2008 年，組織架構要反過來看，不是看需不需要增加副總，而是看銷售額能增加多少。部門經理以前有 33 人，透過組織架構的扁平化，有幾個部份合併了，部門經理就沒有那麼多了。

所以，人力資源部門經常會拿一些部門出來「拍賣」，人力資源總監要「沒事找事」，精兵簡政，這個話是說得好笑一點，人挪活，樹挪死，沒事就得挪一挪，你沒事幹就弄一弄，重在提高效率。今年 20 個部門，明年剩下 18 個，並掉兩個。把 33 個部門縮減成 31 個，部門經理可以少兩個。研發人員也一樣，2007 年 13 人，根據公司的研發任務，需要從原來 4 個高工增加到 17 個，去年高工的年薪是 21 萬多元，如果今年薪資暫時不變，而人員變化了，如此就可以得出高工崗位的薪資總額。其他部門和崗位的薪資總額都可以依此方法類推。

總而言之，算出該加人、減人的數量之後，在崗位薪資絕對值不變的情況下，大概的薪資總額就可以算出來了。定崗、定編、定員之後再調升或調減薪資就有依據了。如一家企業明年準備加薪資，需要確定調薪的幅度。這時既可以實行內部測算法，也可以根據市場招聘的競爭力薪酬水準來進行，一般情況下，平均每年上漲 5%到 8%都是比較正常的，但如果碰到物價指數上漲很快的情況，增長的比例也可能達到 10%。

還有的公司薪資增長走在物價指數上漲的前面，物價指數漲 8%，薪資增加 8%～10%。還可以實行薪資普調的辦法，把加薪資的點數有側重地分配到不同的人身上，如副總上調 3%，部門經理上調 6%，工程師加得可以多一點，加到 14%。因為企業要開發新產品，要增強企業的競爭力，工程師是中堅力量。那麼，調薪後的總額就是調薪的幅度與年度調薪前的總額相乘所得的數額。

這種方法的基礎比較扎實，整體性較好。

那又怎麼算出一個企業、一個部門或一個崗位到底需要多少人呢？確定定員的步驟如下。

⑴確定一線業務人員總規模

企業業務人員直接為客戶提供服務或製造產品，因此可以根據企業業務規模或產量等量化因素較為直接地得到。

⑵確定管理人員總規模

管理人員與生產崗位定員之間存在一定的比例關係，這種比例關係一般隨行業的不同而不同，一般來說，勞動越密集則管理人員所佔比例越低，而資本和智力越密集則所佔比例越高。每個行業都存在一個適宜的比例範圍，企業可參考行業標杆企業、平均水準和自身情況合理確定該比例。

⑶按照部門崗位設置，在各職能部門中合理分配管理人員總定員

在管理人員總定員確定後，按照組織結構確定的部門設置，將總定員分配到各部門中去。可由人力資源部門代表企業定員工作小組提出一個討論草案。分配原則如下：對於人力資源部門，可按照員工數量的一定比例確定；對於財務部門，可主要考慮公司業務數量決定的財務工作量；對於銷售部門，可按公司銷售模式確定銷售區域管理方式確定；對於行政部門，可按照員工數量的一定比例確定；其中，研發部門較為特殊，具有一定的獨立性，主要取決於企業的研發策略和研發投入。同時，各部門之間注意保持合理的定員比例關係。

⑷遴選定員專家，成立定員委員會，採用德爾斐法適當調整部門總定員

定員專家由公司高層、各部門經理、外部行業專家組成。

將上述計算過程及結果以簡明的列表方式呈現給各位內部專家，讓其背靠背地按個人意見適當進行調整，並指明調整的理由；人力資源部在意見收集後作綜合處理，然後回饋給各位專家，第二輪徵求意見。根據意見的一致程度，一般在兩輪後即可組織面對面的座談會，由各位專家公開發表意見，進行討價還價。

最後即可得到達成一致的各部門定員總數。在進行定員總數核定時，應考慮到出勤率的因素，為員工正常的事假、病假留出合理的空間，出勤率可參考企業歷史數據確定。

⑸由各部門按照崗位設置將總定員分解為崗位定員

逐層分解的過程為各職能部門內部崗位定員勾勒出越來越清晰的框架，實際上在部門定員確定之後，崗位定員確定難度大大降低。具體可分為流程分析法和職責分析法兩種方法。

①流程分析法：根據崗位所包含流程的總工作量確定各崗位定員。

②職責分析法：根據崗位職責數量確定崗位定員。

實際上，這兩種方法都是主觀分析方法，但在部門定員確定的前提下，各部門負責人完全有能力根據流程和職責這兩個因素合理確定崗位定員。部門負責人之所以不願意去合理確定定員的原因在於，一是沒有部門總定員數的限制，存在增加部門編制的博弈心理，二是部門層面沒有壓縮成本的自我約束動機。

⑹定員的最終確定

在分解部門定員的時候，可能產生定員核定數不盡合理的問題，需要重新核定部門總定員；還有就是要對分解到崗位的結果進行總體分析，並最終確定。

至此，定員全過程基本完成。

人力資源的管理者要比用人單位的經理更會算，要算得部門經理說不出話來。如果某經理申請要加 150 人，人力資源經理一算，說 98 人就足夠，用數據和事實來說服他，他就會很服氣。接下來人力資源部的工作就要根據企業的合理需求去招人。招人，不是單憑老闆簽名批准的用人需求申請表，而是根據各部門需要匯總得出的數據去招人，人力資源部有義務可以對即使經過老闆批准的用人需求申請表上的用人申請提出意見，用自己的專業知識使老闆心服口服，信任支援人力資源部的工作。

某公司在招聘海報上標明招聘文員，但卻讓前來應聘的求職者先購買該公司的鞋子。按照該公司要求，先交了 30 元「定崗費」，然後回去等待消息。有一個求職者王小姐，交完錢幾天後仍沒有回音，該公司相關負責人解釋說，要買一雙公司的運動鞋，是按總公司要求，凡來公司的應聘者都要買鞋，這是在幫公司宣傳產品，宣傳得好就可以很快安排崗位。

由於求職心切，王小姐掏了 268 元買了一雙 XX 牌旅遊鞋。事後，她在網上一查，這款鞋售價只有 48 元。此時，王小姐方才醒悟過來，於是來到該區的工商所進行投訴。

工商人員現場對該公司調查發現，最近來此處應聘的共有 20 餘人，幾乎每人都交了「定崗費」，並被該公司以「公司的規定」為由強行購買了一雙鞋，並暗示買鞋後可以儘快安排崗位，但應聘者買鞋後都沒有了下文。

該公司借招聘的名義，強迫求職者買鞋，此舉有欺騙消費者及強制消費之嫌，且要求交定崗費也是違法的。凡是要求交錢的工作，求職者都要多一個心眼，小心被騙。工商執法人員應該對該公司做進一步調查。

2. 歷史「常數」推算法

歷史常數推算法涉及兩個重要的數據，一個是薪資率，一個是人力成本率。薪資率是指單位時間內的勞動價格。薪資率與單位勞動的產出有關，因為勞動的投入一般只用時間度量，所以也就是單位時間的報酬。根據單位時間的不同，可以分為小時薪資率、日薪資率等。在均衡時，真實薪資率取決於勞動的邊際產品。人力成本率就是人力成本佔銷售額的比例，這兩個數據通常都是比較常數，不是絕對常數。

一個企業或一個行業，如果它的發展沒有很大的波動的話，那麼這個數據，我們獲取的數據時間越長，它就越接近一個常規數。如果企業沒有發生很多產業變化的話，薪資佔整個人力成本的比例大概是一個常數，例如 70%或 80%。如果產業發生了變化，這個相對不變的常數還可以進一步細分。

如果企業一直做的是服裝，那就要把服裝行業的人力成本作為一根主線，如果後來企業做經營投資了，同樣要把這一部份作為一根主線；若繼而每做房地產，再把房地產做成另一根線。不能籠統地把這三個行業的人數和薪資總額加起來計算比率，而是要細分下去，甚至包括對同一產品的新舊產品都要進行細分。如果今年一個新產品上市，就可以把從事新產品上市的人員單獨剝離開來。有些是要我們控制的，有些是要我們節約的，但有些是要我們鼓勵去運用的，只是怎麼運用得更合理而已。

所以，我們一定要計算出這個人力成本的常數，根據這個常數，就可以預測某一年度的整個人力成本的預算，即人力成本預算總額＝人力成本率×銷售額，也可以用線性回歸來得出，線性回歸即是利用數理統計中的回歸分析，來確定兩種或兩種以上變數間相互依賴的定量關係的一種統計分析方法之一，運用十分廣泛。如果數據足夠多，例如做了 20 年，那基本上可透過線性回歸算出一個常數。這種方法操作是比較簡單的，根據若干年的數據，得出一個常數，計算出人力成本率，然後將第二年所得的銷售額乘以人力成本率，就等於薪酬總額的預算，這種方法操作起來是不是很簡單？

但這種方法有優勢也有弊端，由於只參考了歷史上的常數，而沒有考慮未來可能發生的變化，因此可能有些不太準確。我們又不是神仙，看到的都只是眼前的事情，未來的東西我們無法預測。總的來說，得出這個概念總比沒有好，例如企業做了 20 年人力成本分析，每一年都很準確，根據數學的一般規律概念法，第 21 年的數據就會比較準確，但這個數據是否準確不能百分之一百保證。

例如，某企業 2003 年到 2007 年的銷售額逐步增長，每一年的人力成本也在增長，但是增長並不是平緩的而是呈波動性的，如表 38-2 所示。

表 38-2　廣東順德某公司電器的人力成本預算

	2003年	2004年	2005年	2006年	2007年
銷售額(萬元)	3500	4700	5500	6100	6800
總人力成本(萬元)	285	411	460	532	
人力成本率	8.14%	8.74%	8.36%	8.72%	
平均人力成本率	8.49%				
加權平均成本率	8.53%				

根據 2007 年預測銷售額和人力成本率常數可以推算出 2007 年的人力成本總額預算，即 577.32 萬元或 580.04 萬元。若該公司組織架構比較穩定，也可類推出各部門或各職務類別的人力成本預算。

該公司的人力成本率，2003 年是 8.14%，2004 年是 8.74%，2005 年是 8.36%，總是在 8%來回波動，在電器行業裏，它算是比較低的。還好它的品牌形象較好，否則的話，就要達到 9 點多甚至 10 點。

這家公司在 2003 年至 2006 年這四年間平均的人力成本是 8.49%，如果乘以權重係數，比較準確就是 8.53%，可以用這個數來做第二年的人力成本的總額預測。前四年平均人力成本率的計算，既可以用加權平均數，也可以用線性回歸法。如果數據足夠多，時間足夠長，一般都是透過線性回歸的數學方法，來求得這個常數。

同樣，根據前幾年的數據可以算出 2008 年的人力成本率大概應該是多少，這種方法操作起來比較簡單，就是用若干年以前的歷史數據，得出一個比率常數，然後用第二年銷售額乘以這個常數得出薪酬總額的預算。但此方法的不足是，由於只是參考了歷史數據得出的常數，而沒有考慮未來可能發生的變化，因此對反映未來的敏感度較差。如果若干年都是這個數，可能會比較準。

3. 損益臨界推算法

某企業 2003 年至 2007 年間的成本列表如表 38-3 所示。

表 38-3 某企業 2003～2007 年人力成本列表

項目	計算方法	2003年	2004年	2005年	2006年	2007年
銷售額 A(萬元)		3500	4700	5500	6100	6800
固定成本 B(萬元)	費用+ 間接人工	427.35	534.86	726.55	783.83	—
變動成本 C(萬元)	購進+ 直接人工	2654.05	3534.87	4087.6	4622.58	—
臨界利潤 D(萬元)	A－C	845.95	1165.13	1412.4	1477.42	—
臨界利潤率 E(萬元)	D÷A	24.17%	24.79%	25.68%	24.22%	—
臨界點的銷售 額F(萬元)	B÷E	1788.101	2157.564	2829.245	3029.851	—
人力成本率 G(萬元)		8.14%	8.74%	8.36%	8.72%	—
平均人力成本 率H(萬元)	G÷4	8.49%				
人力成本 I(萬元)	A×H	297.15	399.03	466.95	517.89	

盈虧臨界點，是指企業收入和成本相等的經營狀態，即邊際貢獻等於固定成本時企業所處的是既不盈利又不虧損的狀態，通常用一定的業務量來表示這種狀態。如果達不到這個雙重經營指標，職工的薪資總額就要削減，那麼經營層在制定對經銷部門、生產部門的考核指標或者在制定考核責任制時，就可以用到盈虧臨界點分析。當企業在盈虧臨界點的時候，人力成本率到底是多少？透過財務數據可以算出來。

近來，中國東莞多家幾千甚至上萬人的鞋企正在大範圍縮小生產規模，以應對訂單不足的現狀及不斷攀升的成本壓力。就連一向注重設計和細節、出手闊綽的歐美客商，如今也變得「斤斤計較」了。

據有關統計顯示，勞動力成本年均增長約 15%，皮料自去年來上漲 10%～20%，人民幣自匯改至今升值幅度累計超過 26%。此外，東莞鞋企每週要停電兩天，工廠發電一天要花費 5 萬元。多重因素疊加影響，越來越多鞋企掙扎在盈虧臨界線上。

某鞋企經理說，3 年前，一雙皮鞋上可賺 1 美元左右，現在只剩下 20 美分左右，而一雙鞋子成本就要投入 120 元人民幣，利潤率大約只有 1%，一不留神還可能虧損。要把成本核算得特精準才行，生產過程中也要把每個環節盯緊，一旦產品返工就虧了。另一鞋企總經理也唉聲歎氣說，現在一雙鞋出口價是二三十美元，但職工平均月薪 2800 元，經理級月薪 1.6 萬元，成本上漲以及人民幣升值，1%的利潤率都難保。

與損益臨界推算法有關的公式如下：

臨界點的人力成本＝臨界點的銷售額×人力成本率

損益臨界點的銷售額＝固定成本÷臨界利潤率

臨界利潤率＝臨界利潤÷銷售額

臨界利潤＝銷售額－變動成本

如何算出損益的臨界點呢？方法比較複雜，往往需要借助財務力量，涉及變動成本、臨界利潤、固定成本等概念。

固定人力成本是指不會因為增加產量或者服務而直接增加的

人力成本，而固定成本包括設備折舊的分攤、廠房折舊的分攤、無形資產例如廣告費的分攤等，都是比較固定的，像廣告，做一個也分攤這麼多，做一萬個也分攤這麼多。只有弄明白固定人力成本這個概念，我們的工作才能更順利開展。

但這種方法同樣有個缺點，首先，它一定要依賴於財務的力量，其次是但未超過臨界點的時候，可以算清楚，但超過了臨界點，人力成本率就不太好算，因為從增長率來講，已經不是呈線性的變化，而是呈規模效應遞減規律，人力成本率也在遞減，很難確定一個相對不變的常數了。

舉一個數據來說，做 6 億元的時候，人力成本的整個比例可能是 8%。那麼做 7 億元的時候，不可能直接按照這個比例去計算人力成本。做 7 億元的時候，可能會增加工人，但總經理還沒增加。從增長率來講，它是在規模效應遞減，這個總量在遞減，比例在遞減，因為有一個基數。這是臨界損益法，這些方法呢，都要透過數學的方式，找一些原始數據來算。

原材料價格、勞工成本等都在漲，唯有出口訂單的價格不容易上漲，在某次廣交會上，有很多企業難以承受成本壓力，因利潤逼近虧損臨界點而放棄部份出口訂單。不僅是中小型企業，連一些大型家電企業也在面臨著成本高壓的局面。

一個客戶說：「由於北非、中東局勢不穩定，我公司在這些市場短期內受到一定影響，出口非洲的自主品牌產品大約佔對全球出口的三分之一，而目前埃及等市場受到較大影響，還在逐步恢復中。此外，鋼材等原材料價格大幅上漲，一些冷氣機訂單已經很難承受，我公司在接單上也比較小心。」目前，該公司還不敢全面漲價，只是在個別產品和地區上調整價格。

國內物價持續上漲，這對出口企業來說是一個不小的挑戰，將所增加的生產成本轉嫁給海外客戶具有較高難度。

目前，穩定出口的政策對企業支援很大，此外，企業還可以大力發展綠色經濟的大環境加速轉型升級，多開發節能環保產品，可將危機轉為商機。

4. 勞動分配率推算法

這一方法相對簡單，只要套入相應的數據，就可以得出結果。

勞動分配率表示企業在一定時期內新創造的價值中有多少比例用於支付人力成本，它反映分配關係和人力成本要素的投入產出關係。同一企業在不同年度勞動分配率比較，在同一行業不同企業之間勞動分配率的比較，說明人力成本相對水準的高低。勞動分配率指標一般只能在同行業不同企業之間進行分析比較，或對同一企業的不同時期進行比較。

勞動分配率＝人力成本÷附加值

它是集中反映企業人力成本投入產出水準的指標，也是衡量企業人力成本相對水準高低程度的重要指標。

附加值是附加價值的簡稱，是在產品的原有價值的基礎上，透過生產過程中的有效勞動新創造的價值，即附加在產品原有價值上的新價值，附加值的實現在於透過有效的行銷手段進行連接。

附加值＝銷售額－購入值(材料+外加工費)

附加值率＝附加值÷(銷售額－附加值)

人力成本率＝附加價值率×勞動分配率

勞動分配率同樣需要較多的財務數據，也是用歷史數據法，計算出一個常數，得出一個總量，但這個總量並不一定很準確。

每個企業勞動分配率是多少？相信大部份都超出了行業標準，很多企業已經支付出了很高的人力成本，但是員工還是不滿足，有一個老闆抱怨說：「哎，我對我公司這樣的情況簡直沒轍了。為什麼會造成這樣的結局呢？究竟原因何在？」

俗話說「巧婦難無米之炊」，公司企業的效益不好，蛋糕小是重要的原因。蛋糕小能分出去的肯定也少，填不飽員工肚子也是無可奈何的，這種企業應該想辦法去製作更大的蛋糕。

另外，企業效益很好，但是分蛋糕的人卻很多，自然也就分得少，員工照樣填不飽肚子。這樣的企業應認認真真去研究造成這樣的原因何在。其實簡單地說是就是人員冗雜造成的，10 人能完成的事情，安排了 30 人去做，專科生都能完成的工作卻安排研究生去做，承擔了不必要的成本支出。這是大部份企業都存在的問題，我們需要找到一個合理的管理模式去改善這樣的局面。

首先根據行業勞動分配率核算出企業到底能支付多少人力成本，其次確定蛋糕由什麼樣的人來分，當然要儘量減少蛋糕的浪費等。

5. 綜合推算法

自上而下的綜合推算，是以歷史數據為推算基礎的，得出的是一個經驗值。

(1)倒推法

這種方法就是以過去若干年的人力成本率為基礎的，假設以前的人力成本率為 8%，上下波動不大，不管透過加權平均法還是線性回歸法，總能得出一個相對比較穩定的常數，再用該常數乘以銷售額，就等於第二年人力成本的預算總額。

通常情況下，由於人力成本是包括了費用和薪資等的，在發薪資時，就是以薪資來推算的時候，究竟是順推法大還是倒推法大一些？需要根據現有多少人，算出薪資總額，根據一個比例，算出一個人力成本總額。通常情況下那個數值更大？倒推法會大一點，例如總共大概 3000 萬元的薪資，但是真正去發薪資的時候，是發不到 3000 萬元的，再說還有很多人的費用在裏邊。也就是說用那個常數來預算將大於實際要發的薪資，意味著你的薪資還是有發展的空間的。所以正常情況下，倒推法得出的數據會大一點。

⑵順推法

以定員定編的方法推算出來的，那麼這個易估值，用順推法計算比較準。通常情況下，由於人力成本包括了費用和薪資等，以薪資來推算的時候，就是根據現有多少人，按照比率，算出薪資總額。

①以歷史常數推算法得出經驗值(倒推法)；

②以定員定編推算法得出預估值(順推法)；

③當倒推法得出的數據>順推法的得出的數據的時候，說明還有調薪的空間，或人力資源效率高了；

④但倒推法往往包括無效人力成本，因此，倒推法得出的數據＞順推法得出的數據屬於正常；

⑤當倒推法得出的數據＜順推法得出的數據時，說明人員要做一定的縮減，或需要增加銷售額；

⑥應以用倒推法得出的數據作為最高值，順推法得出的數據作為最低值來核算。

也就是說，用常數來做的預算會大於實際發的薪資，說明還有開發的空間，所以正常情況下，倒推法算出的預算會大一點。

如表 38-4 所示，這是一張人力成本預算科目與計劃表，幾乎包括了人力成本涉及的所有會計科目，有工薪部份、福利部份、招聘費用、培訓費用等。

表 38-4 人力成本預算科目與計劃表

<table>
<tr><td rowspan="3">工薪總價</td><td colspan="2">薪資部份</td><td rowspan="2">職務補貼</td><td colspan="2">獎金部份</td><td rowspan="2">加班薪資</td></tr>
<tr><td>崗位薪資</td><td>績效薪資</td><td>年終獎金</td><td>特殊獎金</td></tr>
<tr><td></td><td></td><td></td><td></td><td></td><td></td></tr>
<tr><td rowspan="2">福利部份</td><td>食宿費用</td><td>交通費用</td><td>保險費用</td><td>公積金</td><td colspan="2">其他福利費用</td></tr>
<tr><td></td><td></td><td></td><td></td><td></td><td></td></tr>
<tr><td rowspan="2">招聘費用</td><td>廣告費用</td><td>攤位費用</td><td>差旅費用</td><td>面試費用</td><td>體檢費用</td><td>其他費用</td></tr>
<tr><td></td><td></td><td></td><td></td><td></td><td></td></tr>
<tr><td rowspan="6">培訓費用</td><td colspan="3">設備設施費用
（亦可列入同定資產）</td><td colspan="3">低值易耗品費用
（未必列入培訓費用）</td></tr>
<tr><td></td><td></td><td></td><td></td><td></td><td></td></tr>
<tr><td rowspan="2">外派培訓</td><td>人次</td><td>培訓費用</td><td>差旅費用</td><td>評估費用</td><td>其他費用</td></tr>
<tr><td></td><td></td><td></td><td></td><td></td></tr>
<tr><td rowspan="2">內部培訓</td><td>導師費用</td><td>學員薪資</td><td>評估費用</td><td colspan="2">其他費用</td></tr>
<tr><td></td><td></td><td></td><td></td><td></td></tr>
<tr><td>其他費用</td><td></td><td></td><td></td><td></td><td></td><td></td></tr>
</table>

拿出其中的一個科目，還可以進一步細分，如薪資可以細分為崗位薪資、績效薪資、職務津貼、獎金、加班薪資、福利等。

39 年終獎

年終獎就是一年來的工作業績獎勵，由老闆給予且不封頂，是可給可不給的一個項目。如果員工的績效優良，工作成績突出，為企業的發展做出了貢獻，就應該給予獎勵。年終獎在不同的單位有不同的發放形式，除了一般意義上的「紅包」外，有的是股票分紅，有的是「雙薪」，有的是提成，有的是獎金上的承諾；另外，可激勵員工繼續努力工作，實現更佳的工作表現。但在對一些企業的調查當中發現，企業在發放年終獎的時候考慮得並不簡單，有的目的很明確，就是為了獎勵員工們在一年當中所付出的勞動，但也有一些企業發放年終獎的時候是不得已而為之。

年終獎到底怎麼發呢？大多數公司都是簡單的以基本薪資乘以係數來確定。如果我們把每個月的薪資一分為二，一部份是固定的基本薪資，一部份是變動的績效薪資。固定的基本薪資，肯定會因為人數的增加而增加，800 人的固定薪資和 1000 人的固定薪資肯定是不一樣的，這是毫無疑問的。但是如果 800 人所創造的績效等於 1000 人所創造的績效的話，就多了很多績效獎金。如果 800 人所創造的價值只相當於 600 人的價值，那麼這 800 人的績效薪資就很低了，這就相當於一個蓄水池，先儲蓄進去，到年底再來做總的核算。

「年末雙薪制」是最普遍的年終獎發放形式之一，大多數企業，特別是外企更傾向於運用這種方法，即按員工平時月收入的數額在年底加發一個月至數個月的薪資。然而，隨著市場競爭以及人才競爭越來越激烈，許多企業為了增強對人才的吸引力，保留核心和關鍵員工，開始把年終獎的發放視為人力資源管理政策和報酬體系中非常重要的一環，年終獎的發放方案除了考慮企業和部門的績效因素，同時還對員工年終獎的分配效果提出了越來越高的要求。

有報告顯示，2007 年 42%的跨國公司年終獎增幅超過 10%，其中資訊和電信行業的年終獎最高，而銀行業的年終獎也高於平均水準。在資訊和電信行業，29%的調查對象表示將提供增幅為 11%～20%的年終獎，而 26%的調查對象表示將提供增幅在 20%以上的年終獎。銀行部門的年終獎也高於平均水準，29%的調查對象預計將提供增幅為 11%～20%的年終獎，而 19%的調查對象預計將提供增幅在 20%以上的年終獎。調查結果顯示，在銀行及專業服務行業，有 7%的調查對象表示將提供增幅在 40%以上的年終獎，而在 2006 年第一季，僅有 2%的調查對象表示會提供該比例的年終獎。總經理表示，如此大幅度的高額年終獎旨在留住重要人才，同時也反映出銀行業日益激烈的競爭性。有意思的是，資訊和電信行業以及銀行業的員工流動率也是最高的。在資訊和電信行業，有 43%的調查對象稱流動率超過了 10%，其中又有 23%稱流動率超過 20%。

「神馬都是浮雲」，但「年終獎」對很多職場人士來說不是「浮雲」，而是「真金白銀」，尤其是在物價指數飛漲的今天，年終獎發放的多少直接決定著員工過年時的心情及生活品質。但是年終獎的發放是要考慮崗位級別、公司類型、個人業績及公司業績等諸多因素的，因此，它是多還是少，是「杯具」還是「洗具」，也只有等到手才能見分曉。

在某間貿易公司工作的李小姐，年終時能領到 1 萬多元的獎金，她心花怒放，計劃去那裏旅遊，買什麼新衣服。據調查，有超過 9 成的企業表示會發放年終獎，對於工作辛苦一年的職場人士，得到了企業的認同以及合理的回報，無疑是一件愉快的事情。但有人歡喜有人愁，趙先生在某公司做銷售員一年，自己的銷售業績比其他同事都要好，但是年終獎卻沒有其他人多，納了一肚子悶氣。再有在某餐廳打工的王師傅表示，自己在餐廳工作 7 年，換過幾個「東家」，沒有一家發放過紅包或者年終獎。不僅如此，還有很多家餐廳為了避免員工跳槽，將薪資延遲一個月發放，這讓他們感到很是心寒。雖然有些企業表示發放年終獎，但事實上年終獎的發放範圍僅限於核心員工及部門領導，基層員工是感受不到年終獎的「陽光普照」的，他們感歎道：真是杯具，想拿多點錢過個更好的年都沒戲了。

關於年終獎是否發、如何發，隨著人性化管理的日趨完善，勞動者與企業有漸趨一致的觀點趨勢：企業雖然有自主決定權和支配權，但對於一個贏利企業來說，所有的利潤都包含著每位員工的辛勤勞動和汗水。企業能否規範地發放年終獎對員工而言不僅是物質上的獎勵，更是一種精神上的安慰。

40 企業可採用年薪制

年薪制是以年度為單位，依據企業的生產經營規模和經營業績，確定並支付經營者年薪的分配方式。為探索和建立有效的激勵與制約機制，使經營管理者獲得與其責任和貢獻相符的報酬，逐步實現企業經營管理者及其收入市場化，企業依據自身規模和經營業績，以年度為單位支付經營管理者收入的一種分配制度。經營管理者年薪由基本年薪和風險年薪兩部份組成。

在國外，企業經歷了業主制、合夥制和公司制三種形式。隨著公司規模的不斷擴大，所有權和控制權逐漸分離，在社會上形成了一隻強大的經理人隊伍，企業的控制權逐漸被經理人控制。為了把經理人的利益與企業所有者的利益聯繫起來，使經理人的目標與所有者的目標一致，形成對經理人的有效激勵和約束，因而產生了年薪制。因此年薪制的主要對象是企業的經營管理人員。

對於確定經理人年薪的標準，不同企業是不同的。一般來說，有以下三種方式：第一種是透過利潤指標對經理人的業績進行評估。第二種是利用股票市場對經理人的業績進行評估，因為股票市場體現了企業將來盈利的可能性，在一定程度上可以防止經理人行為的短期化。第三種是透過所有者對經理人的行為直接進行評估，大體來說，年薪制中的年薪主要由固定薪金、獎金、股票、股票買賣選擇權等組成。

年薪制的目的，在於企業和員工能夠雙贏，員工多拿，企業多得。如果員工所得的只是一個固定薪資，他便不容易發散思維創造更高的效率和績效。當員工創造更高績效的時候，他的收入提高了，而公司的成本卻降低了。例如公司多給他 1.6 萬元，他可能給公司多賺 20.6 萬。年薪與績效是掛鉤的，透過績效來鼓勵員工的發展，做得好與做不好，年薪是不一樣的。這樣可以激勵員工為更好的可能性搏一搏。

如表 40-1 的案例所示，如果做得不好，年薪未必能夠拿到 13 萬元。

表 40-1　某貿易公司薪酬案例

現行月薪制(元)		改為年薪制(元)	
月薪	10000	月薪	8000
年總薪	120000	年總薪	96000
年終獎	10000	年薪部份	50000
合計	130000	合計	1460000
		年薪部份與績效	
		績效達成	年薪金額(元)
		100%	50000
		95%	40000
		90%	30000
		85%	20000

41 企業可採用股票期權

某企業的現行薪酬中，付給市場總監的月薪是 2 萬元，5 年累計付給該市場總監的薪酬一共是 120 萬元。

建議該企業採取股票期權付薪制。以市場總監為例子，採用股票期權付薪制後，付給市場總監的月薪是 1 萬元，但是公司與他簽訂協定，每年給他 10 萬股的股票期權，上市前該股票期權是相當於 1 股/元，按照這樣的付薪制度折算，該市場總監的年薪相當於 22 萬元，比現行的付給他 24 萬元的年薪少。但是因為市值對資產有較大的擴充倍數，公司上市後，員工持有的 5 年收有股 50 萬元股會擴充倍數，所以如果 5 年後企業上市，員工持有的股票期權便會大大升值，所以很多員工非常願意接受低薪但有公司期權的薪酬形式，而且對員工的工作積極性也起到刺激(如表 41-1 所示)。

表 41-1　某企業薪酬案例

現行薪酬		股票期權付薪	
月薪 萬元	2	月薪	1
年薪 萬元	24	年薪	12
5 年累計 萬元	120	上市前 股/元	1
		每年給股 萬股	10
		相當支付年薪 萬元	22
		員工 5 年收有股 萬股	50
		上市後市值 萬元	10000

股票期權作為激勵報酬屬於人力資本中的使用成本，股票期權可以看作是為了維護經理層這一稀缺資源而付出的成本。

股票期權計劃是期權思想在企業管理領域的拓展與應用，他較完美地實現了企業的成長、股東財富的增加與員工利益的提升三者之間的有機結合，是最富有進取精神與思想內涵的股權激勵方式。

股票期權的激勵意義有以下幾點。

· 能夠在較大程度上規避傳統薪酬分配形式的不足。

· 將管理者的利益與投資者的利益捆綁在一起。

· 對公司業績有巨大推動作用。

· 有利於更好地吸引核心僱員並發揮其創造力。

· 有利於解決公營企業由於體制原因而存在的矛盾。

股票期權的實質：企業以市值來支付員工薪資。毫無疑問，股票期權對員工有長期激勵的效果，如果上市不成功或三年後進行交易時的市值等於原始值時，員工的收益將等於現行薪資制。由於市值對資產有較大的擴充倍數，因此很多員工還是願意接受低薪但有公司期權的薪酬形式。

42 採用股票期權薪酬制

股票期權薪酬制是一種將公司高級管理人員的薪酬與公司長遠利益聯繫起來的一種較好的薪酬制度。

股票期權制已在西方發達國家取得成功經驗，很多企業都已經實行了股票期權制度。在 1996 年《財富》雜誌評出的全球企業 500 強中，89%的公司已在其高級管理人員中實行了這種制度。所謂股票期權制是指企業在與經理人簽訂合約時，授予經理人在未來以簽訂合約時的價格購買一定數量公司股票的選擇權。實行這種薪酬制度，有利於激勵經理人更多地關注公司的長遠發展，為公司創造良好的業績，同時，在票股升值中兌現個人所得。

股票期權的實質，是企業以市值的股權來支付員工薪資。可以這樣認為，企業要請一位員工，員工要求每年 100 萬元，但是企業只能給 20 萬元，企業準備三年後上市，現在給予員工股份，上市之後這些股份就不止 100 萬元了，員工有可能成為千萬富翁了。

這對於員工也是一搏，跟著這個老闆有沒有前途？企業能不能上市？自己都要掂量清楚。

實際上這個薪資不是老闆給的，而是市場投資者給的。

老闆說：「100 萬元年薪我給不起，可以給你 50 萬元年薪，每年給你 50 萬股，至少是一元錢一股，三年就是 150 萬股了。」

假如透過資產評估企業一上市，翻了 20 倍，150 萬元乘以 20

倍就是 3000 萬元。即使企業不上市，也可以去做內部虛擬股份。由於市值對資產有個較大的放大效應，因此，很多員工還是願意拿低薪去獲取期權的，如此，人力成本的降低空間是比較大的。

某網路信息技術公司為了使公司創業者和核心骨幹人員共用公司的成長收益，增強公司股權結構的包容性，使企業的核心團隊更好地為企業發展出力，邀請柏明頓諮詢顧問團隊為其設計了一套「乾股+實股+股份期權」的多層次長期激勵計劃。

授予對象：高管層和管理、技術骨幹共 20 位。持股形式，實股計劃：在增資擴股中由高管層和管理、技術骨幹自願現金出資持股。崗位乾股計劃：A.崗位乾股設置目的——崗位乾股的設置著重考慮被激勵對象的歷史貢獻和現實業績表現，只要在本計劃所規定的崗位就有資格獲得崗位乾股；B.崗位乾股落實辦法——崗位乾股的分配依據所激勵崗位的重要性和本人的業績表現，崗位乾股於每年年底公司業績評定之後都進行重新調整和授予，作為名義上的股份記在各經理人員名上，目的是為了獲得其分紅收益；崗位乾股的授予總額為當期資產淨值的 10%。第三部份，股份期權計劃：A.股份期權設置目的——股份期權設置著重於公司的未來戰略發展，實現關鍵人員的人力資本價值最大化；B.股份期權的授予——從原股東目前資產淨值中分出 10%轉讓給被激勵對象；依據每位經理人員的人力資本量化比例確定獲受的股份期權數。

這個方案既透過乾股設置實現了短期激勵，又透過現金購股和股份期權實現了長期激勵，體現了公司原股東的股權包容性和一種利益共用的企業文化，有較好的激勵效果。

43 要做人力成本分析

企業人力資源成本管理應以強化企業未來競爭優勢和提高長期效益為最終目標。到底多少人力總成本才算合適呢？這要進行人力成本的分析。

人力資源成本的預算與控制既是所有達到一定規模的企業都必須面對的一件大事，也是企業管理中的一個棘手問題。透過合理的規劃和預算可以很有效地降低成本。預算前首先要判斷人力資源成本是收益性支出還是資本性支出，並據此決定預算是短期的還是長期的、靜態的還是彈性的。透過預算使成本在合理的幅度內變化，不至於嚴重不足或過分溢出。各種財務管理運用的預算方法，幾乎都能夠用於人力資源成本預算上。同時，要有合理的規劃，核心是進行人力資源成本的效益性分析，目的為最有效地利用人力資源，修正不經濟的支出。

透過人力成本預算和嚴格控制，不僅能夠讓各子公司和部門負責人感受到人力成本與公司總體效益的關係，同時，人力成本控制的壓力也傳遞到了各用人部門。薪酬預算是人力成本控制的重要方式之一，屬於人力成本的事前控制。

企業家都很關心「到底該拿出多少錢或銷售額的多少比例來發薪資才是合理的」這一問題。一個較為成熟的行業甚至每一個企業在經營條件變化不大的前提下，人力成本率都應該是個「常數」。

人力成本率的計算公式為：

人力成本率＝當期總人力成本÷當期銷售額

圖 43-1　人力成本率與人均年收入的變化曲線

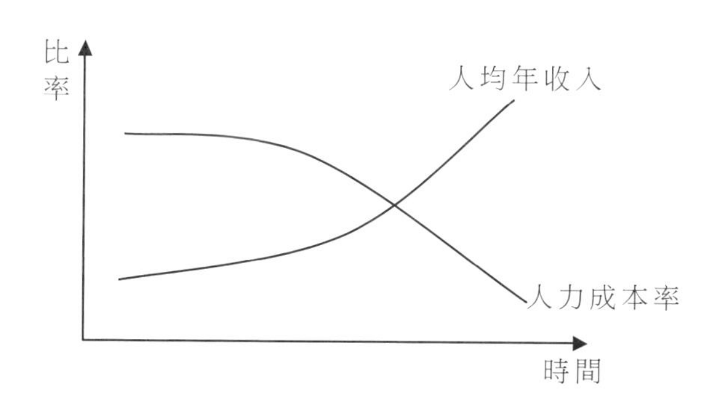

人力資源管理者做的許多工作，最終都需要透過財務數據來體現。兩條曲線中，人力成本率是一條下降的曲線，人均年收入是一條上升的曲線。從企業發展的態勢來看，人力成本率是被要求要不斷下降的。

企業在知道了他們為什麼要做人力成本分析後，也要瞭解一下影響人力成本分析的因素有那些，這樣，才能把人力成本分析做得更好。影響人力成本分析的關鍵因素主要有兩個：一個是外部因素，一個是內部因素。

1. 外部因素影響人力成本

(1)員工薪資需要上漲

物價上漲了，產品的附加值沒漲，那麼薪資要不要加？物價漲了，若以前是一個保安員，現在還是一個保安員，崗位沒有發生變化，但要不要加薪資？當然是要加的，否則他的生活就成問題了。至於漲多少，並沒有統一的標準，要根據企業來定。

⑵人力資源的供給狀況發生變化

現在若想招到與前幾年同樣崗位的人工，只有加錢才招得到。但現在很多企業招不到人了，出現了兩百多萬人缺口的「勞工荒」，這樣的狀況只會導致兩種結果：企業關門或企業搬家。

①企業關門

如果產品本身沒有增加附加值或者這個產品沒有轉型，那麼企業就無法承受當今社會的勞動力成本，只有倒閉關門。

十年前一雙鞋子賣 8 美元，十年後一雙鞋子賣 7 美元，十年前製造鞋子的工人薪資每月 4000 元，十年後的標準是每月 6000 元，但是鞋子並沒有增值，企業肯定會關門。

②企業搬家

夏末秋初的時候，很多鳥類由繁殖地往南遷移到渡冬地，而在春天的時候又由渡冬地返回到繁殖地，這些隨著季節變化而南北遷移的鳥類被稱為候鳥。像候鳥一樣，有些企業為了生存，不得不搬離珠三角地區。

③企業所在地的差異

當然，像 H 城市的人力成本，相對比較偏遠的中小城市要高一些，人力成本的絕對值也會高一點。也許 H 城市的人口素質比較高，工作效率比較高，而且所發揮的職能會比其他地方高一點，所以，人力成本率的絕對值會上升。

2. 內部因素影響人力成本

⑴企業規模

是不是企業規模越大，人力成本就會越高，或者是企業規模越大，人力成本就會越低呢？一對夫妻開一個服裝店，是沒有什麼無效人力成本而言的。但我們不能一概而論，企業規模和人力成本分別是多少，要做邊際人力成本分析後才能知道。有一點是肯定的，企業規模越大，它的無效人力成本肯定就越大。

(2)銷售額

人力成本佔銷售額的比例到底為多少才是合理的呢？某一個企業，某一個行業，或者某一個企業在不同的階段都會有一定的變化，但這個變化是有規律的，透過若干時間的數據就可以得到一個常數，這個常數的變化不會太大。例如，電子類企業(有研發和銷售部門)的人力成本率一般會在 8%～10%之間；傳統的製造業會在10%左右；生產化工塗料類企業由於流程比較短，它們的人力成本率在 3%～5%之間；IT 業大約是 35%；諮詢業是在 50%～60%之間，同類行業的企業間都有一個概率，且這個概率相差不會太多。如果當你發現自己企業的人力成本率與行業的人力成本率差距太大的話，就一定要做人力成本分析。而針對企業某一年的一些特殊情況來說，可能會造成人力成本率的變動，但長期的整體的人力成本率不會發生太大的變化。

例如，某企業在某一年突然增加了新的業務，新的業務沒有產生銷售額時，人員卻先到位了，這種情況就有可能使人力成本率產生小幅的波動，但是長期下來還是會按照一定的規律的，所以每一位人力資源部經理都應該儘量透過管理的途徑獲得企業的這個常數。

如果與外界相比，可比的因素短期內很難集中在一起，因為因素是發散型的。但與本公司的過去相比，即縱向比較，會比較容易操作。因為這些歷史數據是可以算出來的，而這些歷史數據所起的作用也是非常大的。

老闆問人力資源部經理應該發多少薪資才是合理的，假設以前的人力成本率是 10%，現在人員增加了，而公司業務的性質沒有太大的改變，如果透過計算發現現在的人力成本率是 8%，那就說明企業是有進步了。

銷售額也會影響人力成本。因為在人力成本裏，有很大部份是固定人力成本，假定銷售額為 1000 萬元，總經理年薪是 50 萬元，銷售額達到 2000 萬元，總經理的年薪卻只是 55 萬元，即銷售額翻了一倍，總經理的年薪增加了 10%。

相對而言，銷售額的增大，對人力成本率的降低是有幫助的。

⑶利潤狀況

我們在講人力成本的時候，基本上避免利潤這個概念，因為人力成本本身與利潤關聯不大，如果企業家能夠從利潤裏面拿出一部份與員工來分享，發獎金或者是分紅，把這一部份也列入人力成本的話，那麼人力成本就跟利潤有關了。

當然，國際客戶是不會支付該企業廠房、機器的購買、維修等費用的，所以，這些成本也需要在該企業賺取的人力成本中進行攤銷。由於廠房、機器的費用很難打折，所以該企業要想創造更多利潤，就只能加強對人力成本的調控，最大限度地降低人力成本。

⑷無效成本增加

當老闆的，喜歡身邊總圍著一群人，也不知有無必要擺這個譜，其中有一部份成本肯定是屬於無效成本。某航空公司人員臃腫，結構龐大，效率低下，無效人力成本偏高。如何才能降低無效成本呢？建議該航空公司對飛行員裁員，嚴格審查飛行員資格，嚴格進行身體健康檢查，大幅度增加飛行員的出勤率，最終增加航班數量。同樣要減少空姐的數量，每一架次的空姐最多三個人，壓縮空姐的平均休息間隔時間，大幅度提高空姐的出勤率，且飛行員和空姐都實行無底薪全部按照出動次數計算報酬的制度。

3.要做好人力成本分析

(1)站在企業的角度

老闆基本上是不管事的，那麼在這個時候，對人力成本進行分析，就顯得更為重要了。因為如果企業直接是老闆來打理，多賺一點少賺一點，他不會斤斤計較。但作為總經理就不能不計算人力成本，因為老闆關心的是今年的銷售計劃是多少，利潤計劃是多少，人力成本是多少，年終獎金可以發多少。

老闆可以隨便支配企業的資金，但總經理是不能的。總經理需要做好人力成本分析，站在企業的角度來考慮，考慮到要支出多少錢，或者按一個什麼樣的比例來發薪資。

做好人力成本分析，要站在企業的角度來考慮，就是要考慮員工到底能拿多少錢，或者是按怎樣的比例來給員工發薪資，這是必須要考慮的問題。作為人力資源負責人，也要跟老闆算一算，讓老闆決定還可以拿多少錢出來發薪資，讓數據來支持。

站在企業的角度，需要透過人力成本的預算來控制人力成本，確保利潤指標的達成。在西方是很講究為股東去贏利的，他們通常站在職業經理人的角度去考慮這個問題，老闆聘請職業經理人管理該公司的資產和資金，職業經理人就有義務將公司管理好。

HR 要站在企業的角度來考慮，透過合理控制有效成本最大限度地降低無效成本。在做薪酬方案設計的時候，HR 要為企業考慮，儘量在利潤總量不變的前提下，增加員工的薪資。

⑵站在員工的角度

老闆若說沒錢來發薪資，算來算去就只有這麼多，那員工也要考慮是否有必要繼續做下去。這邊的薪資是每月 800 元，到那邊幹每個月卻有 1000 元，那何必在這邊幹呢？所以，做好人力成本分析，預測一下這個薪酬調整的空間還有多大，為我們的員工，儘量多地去爭取一點利益，加強企業對外的競爭力。

給員工更多的福利的同時，就意味著企業要支付更多的額外費用。怎樣說服企業同意這種投入呢？其實，可透過用數字說話贏得老闆的同意。例如公司進行了同行業薪資調查，然後將得到的數據報告拿給老闆看，透過比較發現公司員工現有的薪資完全不具備市場競爭力，為了扭轉這種不利局面，防止核心員工被挖，可建議公司加薪，而且要具競爭力才行。結果，老闆在諸多的數字事實面前也就沒有反對。另外，對於一些比較優秀的員工，還可以為他們爭取帶薪培訓、帶薪假期等福利。

如果對員工的投入少，就意味著員工的產出也少，這是一個惡性循環。假如企業獲利十元錢是因為對員工投入了一元錢，那麼這時候如果企業對員工投入兩元錢，員工能產出十五元錢的利潤，那企業無疑在總量上是增加了利潤的。

HR 要做好成本分析，可以透過調查社會的薪酬水準，增強企業薪酬的市場競爭力，要瞭解企業薪酬調整的空間還有多大，為員工儘量去爭取。在不增加企業負擔的前提下，儘量讓員工分享企業的收益。

44 總人力成本控制法

如何有效地控制人力成本，掌握了人力成本分析的方法，管理者就能夠很快對自己的企業的人力成本現狀有一個清晰的認識。有了這個認識之後，要解決的問題就是如何對症下藥。我們常說「防治」，防必先於治。在問題產生之前，對人力成本進行控制，無疑是最有效也是最有益的途徑。

人力成本不是勞資雙方的博弈，人力成本的控制有以下表述：人力成本的控制不等於減少人力成本；人力成本的控制不等於減少員工收入；職工收入較高不等於人力成本很高。

簡單來說，人力成本的控制不是要減少人力成本的絕對額，因為絕對值必然隨著社會的進步而逐步提高。因此，對人力成本的控制是要降低人力成本在總體成本中的比重，增強產品的競爭力；對人力成本的控制是要降低人力成本在銷售收入中的比重，增強人力成本的支付能力；對人力成本的控制還是要降低人力成本在企業增加值中的比重，即降低勞動分配率，增強人力資源的開發能力。

如表 44-1 所示，為某公司人力成本計算表。根據歷史數據法，算出人力成本率是 8%，其中有效成本佔 7.8%，無效成本佔 0.2%。今年定的銷售目標最低要完成 6 億元，8.5 億元是最高的銷售目標，這是根據順推法算出的數字。

表 44-1 某公司人力成本計算表

單位：萬元			最低銷售目標	中值銷售目標	最高銷售目標	說明
			60000	70000	85000	年度銷售目標預測
歷史數據法	有效人力成本率7.8% A	A+B＝8%	4680	5460	6630	
	無效人力成本率0.2% B		120	140	170	
	總人力成本C	C＝A+B	4800	5600	6800	
定員定編法	固定人力成本D		1200	1200	1280	隨銷售增長而增長有限
	變動人力成本E		3480	4200	5260	隨銷售增長而增長較大
	總人力成本F	F＝D+E	4680	5400	6540	F＜C
	人力成本率G	G＝F/銷售額	7.80%	7.71%	7.69%	

如果用倒推法的話，總的成本就是一個常數，銷售額做到 6 億元的時候，總的人力成本是 4800 萬元，7 億元的時候是 5600 萬元，是用銷售額直接乘以 8%，得到這個數字，這是從歷史數據法算出來的。

用定員定編的方法算，它的固定部份就是那些不會因為銷售額增加而增加的人力成本。當銷售額做到 6 億元的時候，固定人力成本是 1200 萬元，做到 7 億元的時候，固定人力成本也是 1200 萬元，但是要做到 8.5 億元時，人力成本就開始增加了，如增加一個副總類的崗位，就要增加 80 萬元的支出，變動的幅度還是比較大的。

做到 6 億元的時候，變動人力成本是 3480 萬元，加上固定人力成本 1200 萬元，那麼從定員定編法得到的總的人力成本是 4680 萬元，而按歷史數據法推算的是 4800 萬元，同樣，做 7 億元的時候總的人力成本是 5400 萬元，歷史數據法推算的是 5600 萬元。

由於在用歷史數據推算出來的人力成本中，包含著一定比例的無效成本，既是無效的，就要做相應的其他補償，所以這樣算出來的薪資才會比預算的低。

用這兩種方法來比較實發的和預算的數字，可以看到，人力成本率從 7.8%降到 7.71%，如果銷售額再增加，就是 7.69%了。所以，隨著銷售規模的上升，如果產品結構變化不大的話，整個人力成本率是在下降的。

不用裁員和降薪，也能補償無效成本的損失，因為你能透過勞動力管理來提升生產效率，讓 500 人發揮 1000 人的戰鬥力。在經濟低迷中，市場環境快速變化，往往令企業措手不及。位於廣東的某製造技術公司，柏明頓管理顧問公司的一個客戶，最近也感受到了陣陣寒意。

經過柏明頓的診斷，發現該公司排班不合理，原來的排班都是由生產主管手工操作，存在以下兩方面的問題：第一，造成人員缺少，進而造成停工待產，產能下降，績效下降；第二，人員有時也過剩，造成無效的薪資和加班費，從而達不到生產力目標。

有一個 1.2 萬人的工廠，平均每月要支付的加班費在 300 萬元左右。該公司採用了先進的勞動力管理方案後，由於優化的排班調度，並提高了數據的準確性和真實性，從而減少 15% 的加班費，一年下來，單從加班費這一點上就可以節省 45 萬元。Kronos 原意為希臘神話中的時間之神，如果說「時間就是金錢」，Kronos 守護的則不僅僅是時間，更是企業的成本和效率。

45 年度薪資總額的控制法

透過預算薪資來控制成本，就會用到「蓄水池」理論。

當月預算薪資＝當月的實際銷售額×有效的人力成本率

一、七種控制方法

表 45-1 為某公司薪資總額預算表。

實發薪資時要根據員工的總數，把員工的薪資分成兩部份，一個是固定的基本薪資，一個是當月變動的績效薪資，然後根據預算和實發進行比較。

第一種方法，假設實發薪資＝預算薪資，且基本薪資：績效薪資＝3：1。

表 45-1 某公司年度薪資總額預算表

			情形1	情形2	情形4	情形4	情形5	情形6	情形7
預算薪資	當月實際銷售額A(萬元)		5000	5000	5000	5000	5000	4800	5500
	有效人力成本率B		7.80%	7.80%	7.80%	7.80%	7.80%	7.80%	7.80%
	當月預算薪資C(萬元)	C＝A×B	390	390	390	390	390	3744	429
實發薪資	員工總人數		2500	2550	2480	2550	2480	2500	2500
	基本薪資總額D(萬元)	理論上 D：E＝3：1	292.5	300	280	300	280	292.5	292.5
	績效薪資總額E(萬元)	E＝C-D	97.5	90	110	100	93	97.5	97.5
	當月薪資盈虧F(萬元)	F＝C-D-E	0	0	0	-10	+17	-15.6	+39

假設實發薪資等於預算薪資，就說我預算了多少，我就準備全部發下去多少的。我的預算直接是把銷售額乘以我的常數，這是我

的預算薪資，我就把它全部發下去。薪資全部發下去後，你就會得到一個比例。

如這個月的銷售額是 5000 萬元，那麼預算薪資就是 390 萬元，員工總人數 2500 人，基本薪資 292.5 元，績效薪資 97.5 元，這是按照直接比例算出來的。

如果銷售額達到了這個數字，就直接把績效薪資和固定薪資發下去，而且績效薪資就是固定和變動的之比為 3：1，即變動薪資佔薪資總額的 25%。這是就全部而言的，而不是具體指某一個人。

第二種方法，在銷售額固定的前提下，若增加人員，則基本薪資一定增加，績效薪資就減少了。

如果固定的基本薪資增加到 300 萬元，表明了人員的增加，人力成本的提高，而績效薪資並沒有增加。

透過上面兩種情況來比較一下，情形一假設實發薪資等於預算薪資，預算了多少就準備全部發下去多少，預算就是銷售額乘以常數。它是以預算的薪資和實發的薪資是相等的作為假設的前提，但這種情形是比較少的。情形二是在銷售額固定的前提下，若人員從 2500 人增加到 2550 人，增加了 50 人，固定的基本薪資從 292.5 萬元增加到 300 萬元，那麼績效薪資總額就減少了，因為銷售額沒有增長。也就是說，增人沒有增效。增人沒有增效的控制方法就是薪資也不增長，績效薪資本身就是彈性的。由於人員增加了，績效沒有增加，固定薪資一定增長了，績效薪資的總額肯定是降低了。增人不增效，就不增加薪資，這是一種很好的控制方法。

第三種方法，在銷售額固定的前提下，若減少人員，則基本薪資一定減少，那麼績效薪資總額便增加了，也即減員增效。

減員增效是指透過持續重組和深化用工制度改革，使員工總量逐年減少，員工隊伍素質逐年提高，員工隊伍結構逐步趨於合理，人工總成本得到有效控制，勞動效率有較大幅度提高。簡單來說就是減少員工，增加效率，增加效益。

企業減員增效有重要意義，一是精幹主體、分離輔助，即將企業非生產部份和間接輔助部份從企業主體分離出去，面向社會，創收節支，獨立核算，自負盈虧；二是下崗分流、轉崗就業，即按合理用工定額，確定主體職工編制，透過競爭上崗，裁減多餘人員，使多數下崗職工向非工業轉移。減員增效是公營企業改革中一項長期艱巨的工程，同時在市場經濟下隨著企業的優勝劣汰，經濟性裁員也將經常性發生。

透過主輔分離輔業改制分流安置企業的多餘人員，是公營企業實行減員增效的重要形式。

這充分考慮了社會各方面的承受能力，是公營企業在改革實踐中的一項創新。透過主輔分離方式分流多餘人員，可以發揮公營企業的優勢，最大限度地挖掘大中型企業的內部潛力，把公營企業內部的生產力進一步釋放出來。同時，輔業改制後參加改制的職工仍有就業崗位，改制後的輔業單位在新的機制下得到了更快更好的發展，還可吸納更多的多餘人員。企業主輔分離，主業發展壯大後，也會帶動相關產業包括眾多的中小企業的發展，從而也可提供更多的就業崗位，實現促進再就業與減員增效的有機結合。

改革是一個循序漸進的過程，不能急於求成、一蹴而就，必須妥善處理好改革與穩定的關係，把改革的力度與職工和社會可以承受的程度協調統一起來。減少員工總量，減輕人員開支壓力來減輕企業經濟壓力，擺脫經營困境，可大大減少人力成本的支出。

再例如，在銷售額固定的前提下，假設還是 5000 萬元，而人員由 2500 人減少到 2480 人，基本薪資肯定會減少，從 292.5 萬元減到 280 萬元，那麼績效薪資總額就會增加。儘管沒有增效，但是減人了，所以績效薪資是增加的。這種方法，從總體上看，公司沒有多出錢，個人卻多得了。預算為零，表明預算了多少，拿走了多少。

第四種方法，在銷售額固定的前提下，即還是 5000 萬，若堅持 3：1 的薪資結構比例，增加人員後即出現當月薪資透支。

就是固定的是 3，比重是 1，那麼增加人員後，當月薪資即出現透支的現象。什麼意思呢？這個固定的銷售額，就是效率，如果我的基本薪資和變動薪資的比例還是 3：1 的話，那麼我的基本薪資增加了，我的變動薪資是不是也增加了？肯定是的。因為有固定的比例 3：1，我拿了 60 元錢的固定薪資，你就要給我 20 元錢的變動薪資。這個變動薪資對於每一個人可能不一樣，可能由 20 元變成 18 元變成 15 元，也或者變成 22 元。但我總額就這麼多，假若是 600 萬元的固定薪資，相應地，我就一定要拿三分之一出來，就要拿 200 萬元作為績效薪資。在這種情況下，你公司就肯定是要虧了，因為你沒有增效。沒有增效，你卻增加了人員，且我的薪資結構還是按 3：1 去增加，那你就不是增加了嘛，那你就比預算的虧了，公司要虧了。

第五種方法，在銷售額固定的前提下，若堅持 3：1 的薪資結構比例，減少人員後即出現當月薪資的節餘。

情形四和情形五的道理相同，結果相反，增人，薪資支出增加，就會透支；減人，薪資支出減少，就會結餘。

第六種方法，人員沒發生變化，薪資結構也沒有發生變化，如果銷售額低了，沒能達標，當月薪資就要透支。

因為沒有實現銷售目標，但人員的固定薪資部份還要照發，那就只有公司虧了。

第七種方法，在人員、薪資結構不變的前提下，銷售額若超額完成，薪資就會有結餘。

銷售額從 5000 萬元做到 5500 萬元，薪資結構沒變，還是 3：1，此時薪資就會出現結餘，這就表明增效了。

那麼，績效薪資和固定薪資的比例定多少比較合理呢？

某電子公司今年 8 月份的銷售額為 5000 萬元，人力成本率為 9%，留下為年終獎準備的 1.5%，5000×7.5%＝375(萬元)，即是該企業 8 月份的人力成本。該公司共有員 1450 人，450 人的崗位薪資之和大概為 285 萬元，那麼，變動部份的 90 萬元就是績效薪資。如果該企業 9 月份增加了 20 人，銷售額還是 5000 萬元，假設 470 人的崗位薪資之和為 300 萬元，那麼，績效薪資就是 75 萬元。

固定薪資和績效薪資統稱為基準薪資。基準薪資有一個規律，通常狀況下，固定薪資和績效薪資的比例有 6：4、7：3、8：2、9：1 等。當企業發現比例發生傾斜，例如由原來的 6：4 變成了 7：3 的時候，這就證明員工固定薪資的部份在增加，如果這時企業的效益並沒有增加，為了健全雙贏的機制，一般的做法是可以適當減少人員的數量，按減少後的人員數量發崗位薪資，而績效薪資還按原來的人數所得發給現有的人數所得。

廣州某皮具生產企業，一直都是按照計件的方式來計算工人的薪酬，而且工人是沒有底薪的。今年，在不減少工人目前收入和儘量地降低生產成本前提下，企業領導進行了 180° 的改變，計劃採取計時的方式計算工人的薪酬。

如果說，以前平均一個小時能生產一件產品，企業付給工人每件產品 11 元的薪資，現在，企業透過生產技術的改造，工人平均每人每天可以生產 15 件產品。如果按照計件制來計算薪酬，那麼，平均每個工人一天的收入就是 165 元，一個月(按 30 天計)就是 4950 元。雖然工人的薪酬增加了不少，但是企業的總生產成本並沒有降低。

如果採取計時制的方式，企業付給工人平均每人每月固定薪資(底薪)2000 元，績效薪資為 3.5 元/件，然後將工作時間縮短到每天 8 小時。這樣，工人平均每人每天可以生產 12 件產品，一個月(按 30 天計)就可以生產 360 件產品，工人平均每人每月的薪資＝2000+3.5×360＝3260 元，平均每件產品的人力成本約為(2000+3.5×360)÷360＝9 元/件。

按照這種方式，不但縮短了勞動時間，而且使工人有了底薪的基本保證，工人在正常的上班時間內就可以達到甚至超過以前的收入水準；同時，企業生產每件產品的人力成本從 11 元變成 9 元，從而大大地降低了產品的總生產成本。

績效薪資和固定薪資的比例，各個企業的情況不一樣，發展階段不一樣，那麼比例當然會有很大的差距。就拿人力資源經理和銷售部經理來說，誰的薪資績效比例應該大一點？人力資源部經理和人事部的文員比，誰的績效薪資比例應該大一點？不能一概而論，即使同一企業內部的各個部門，薪資結構比例也有很大的差異。

以上七種情況，不同的企業有不同的做法，有的企業很乾脆，反正當月正負為零，公司也不賺，員工該虧的則虧。有的是公司先虧一點，先擔著點，畢竟還有一個年底部份……不同的企業，採用的方法是不一樣的，需要根據情況來確定，這七種方法都可以有效地控制人力成本。

二、七種情形方法的分析比較

1. 假設實發薪資＝預算薪資，且基本薪資：績效薪資＝3：1；

2. 在銷售額固定的前提下，若增加人員，則基本薪資一定增加，那麼績效薪資總額便減少了；

3. 在銷售額固定的前提下，若減少人員，則基本薪資一定減少，那麼績效薪資總額便增加了；

4. 在銷售額固定的前提下，若堅持 3：1 薪資結構比例，則增加人員後即出現當月薪資透支；

5. 在銷售額固定的前提下，若堅持 3：1 薪資結構比例，則減少人員後即出現當月薪資節餘；

6. 在人員、薪資結構與總額不變的前提下，若銷售額未能達標，則出現當月薪資透支；

7. 在人員、薪資結構與總額不變的前提下，若銷售額超過目標，則出現當月薪資節餘。

對於情形一到情形三，由於透過績效薪資總額調節，使得各個月的預算薪資就等於實發薪資，當月薪資盈虧為零，那麼用於年終調節的年終獎金總額就等於預留下來的薪資總額。

每個月都需要清算的情況適合於那些波動比較大的崗位和人員。他們的在職工齡，平均來看，不是很長，大都是幹一天算一天，幹一個月算一個月，這個月業績好，獎金可以得到 1 萬元，下個月業績不好，獎金全無。很多保險公司做行銷的員工就屬於這種情況，這個月簽單中彩了，一個月收入 1 萬元，而這之前連續兩個月 100 元的收入，如果挺不住，就做不下去了。所以，針對不同的行業和企業，方法都是不一樣的。

對於情形四至情形七，由於各個月的薪資或透支或結餘，那麼在年終調節時，若銷售額＝77000 萬元無年終獎金＝(60000×7.8%+10000×7.71%+7000×7.69)－∑12 個月實發薪資，就是在以前的基礎上減掉每個月實發的，剩下的就是年終應得的。

再回到表 45-1 的案例上，如果銷售額做到 6 億元的時候，人力成本率是 7.8%；做到 7 個億的時候，人力成本率是 7.71%，再往上做的時候是 7.69%，那預算的薪資總額就是 6 億元乘以 7.8%，7 億元乘以 7.71%，再往上做，則乘以 7.69%。這是全年預算下來的薪資總額，然後再減去 12 個月實發薪資的和，剩餘的就是年終獎。所以，年終獎是能算出來的。

其實天下的遊戲規則，都有一個共同特點，人們都很害怕黑暗，都比較嚮往光明，如果我們預先就把這個預算告訴員工，平常如果大家多幹了，該發的薪資都發給你，剩下的在年終一次性發給你，就可以使公司上下充滿信心，激發積極性。同樣的道理，如果做得好，績效考核是 A 等，你的薪資將是多少，B 等將是多少，一年下來考核都是 A 等，將會加兩級、三級薪資，是 B 等的加幾級，把這些條條事先貼出來，做到公平透明，人人心知肚明，便可以少生許多是非，為員工也為企業減少很多煩惱。十月份的薪資我們都知道了，那你就看十一月份的薪資。十一月份的薪資是多少，那你看明年調整，我們每個人都想多加薪資嘛，想不想，怎麼才能多加薪資呢？去燒香、去拜佛、去巴結老闆娘、去拍老闆的馬屁有用嗎？沒用的，那怎麼辦呢？如果你公司的制度規定，要加五級薪資，你就必須參照年度考核，想達到 90 分的話，繼續推算。

三、定性分析法

細分成本中心，將責任下移這種方法是將人力成本預算分到各個部門或下屬單位，並將控制權下移，同時對各單位負責人進行人力成本考核，將節餘或超支部份列入獎勵或處罰中。

如果老闆要求總經理完成 8 億元的銷售額，增長 5%的淨利就是 4000 萬元的利潤，那麼總經理就要倒推計算材料成本要花多少錢，固定成本要多少錢，人工要多少錢，算出來人力成本比例如果是 8%，他就會告訴人力資源總監，我要你降到 7.8%。人力資總監就開始緊張了，人力資源總監說：我管不了這麼多，我給幾個大的部門，直接讓他們去管，生產部有 2000 多名員工，生產部經理還管得著這麼多嗎？給他個折扣吧，本來應該是 3.0%的，就給他甚至 2.8%吧。以此類推，逐級將責任下移。如果說你加一個人，加一個薪資都要問老闆，老闆辛不辛苦啊？老闆當然辛苦了。

將成本中心下移，將人力成本預算分解到各個部門和下屬單位，公司總經理只考核人力資源部經理一個指標，叫人員離職率，人力資源部經理再拿著這個指標去考核生產部經理，如果不把指標分解下去，一個人去背，去扛著，累死了也完成不了。所以，控制權下移，就是把成本分解下去，招多少人我不管，成本是死數，是剛性的。也就是說，如果你招了人而沒有增產，對不起，只有基本薪資，而無績效薪資。

據悉，在半年內半數軟體公司的員工離職率超過 20%，致使公司人員離職率高的罪魁禍首是誰？進一步分析發現，薪資是軟體從業人員高離職率的重要原因。調查顯示，薪資越高，員工離職率越低。員工離職率在 10%以下的企業，其平均年薪為 71380 元，是離職率在 20%以上企業平均年薪的 1.4 倍。

目前仍缺乏技術與管理兼備的軟體人才，人才的短缺性使技術管理人員的薪資在整個薪資體系中處於較高的層次。以技術部經理為例，其平均年薪為 13.2 萬元，是行政部經理的 2.18 倍，高出財務部經理 4.2 萬元。而技術主管的平均年薪為 7.2 萬元，是人事主管的 1.7 倍。

而軟體人才仍處於中高薪階級，調查指出，從事基本編程工作的電腦程序員，其平均年薪為 4.8 萬元，高者可以達到 8.2 萬元，而且整個從業族群非常年輕，平均年齡僅為 26.3 歲，平均從業經驗為 3.8 年。另外，對產品進行性能測試的軟體測試技術人員，其平均年薪為 5.9 萬元，高者可以達到 10.6 萬元。

管理者就是服務者，把管理者的利益與員工的利益緊緊捆在一起，管理者就會主動地去關心員工。如生產部經理的薪資是以一線工人的平均薪資乘以一個係數而得，那麼，工人的薪資拿得越多，經理也拿得越多。如此生產部經理就會努力地讓工人去多做，產量做好一點，品質做高一點，這叫做水漲船高。

四、人員控制法

人員增長一定會帶來人力成本上升，除非業績上升而沖掉上升的人力成本。控制人員的最好方法是控制成本，弄不清楚到底需要用多少個人的時候，就用成本控制法，其中定員定編的控制法是最常用的。

例如做創意性的工作，表面上看，也許一個人三個小時趴著沒幹活，但其實他在思考。思考三個小時之後，用兩分鐘就迅速做完了。所以，我們只要把成本定下來，到時候把活保質保量幹出來就行了，經理不要總是時時盯著別人。

員工流失是企業人力資源管理品質的最直接反映。企業員工流失率高是企業員工不滿的客觀反映，是企業缺乏穩定性的表現。如何控制企業員工流失是許多企業當前急切解決的問題，因為，員工難招和留不住人更顯得崗位空缺的嚴重性。

46 薪酬體系設計方法

一、確定最高和最低薪酬額度

根據薪酬市場調查結果，確定最高和最低薪酬額度，實際上也是確定企業的薪酬水準。一般來說，在企業條件允許的情況下，企業所確定的薪酬水準要在本地區同行業中處於中上等水準才具有競爭力。

1. 薪酬結構線

薪酬結構線，是指根據企業組織結構中各項職位的相對價值及其對應的實付薪酬之間保持的對應關係所描繪出的曲線。如圖46-1所示的A、B兩條線。

圖 46-1　薪酬結構線示意圖

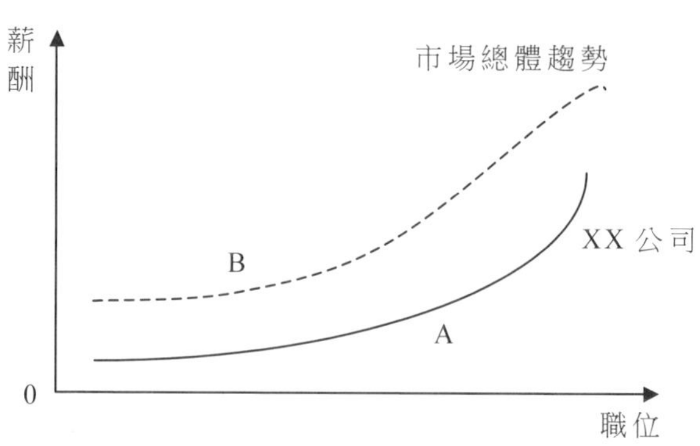

2. 薪酬分位

如10P、25P、50P、75P、90P等就是薪酬分位的表述形式，其含義是，假如有100家企業參與薪酬調查的話，有多少家企業處在既定的薪酬水準之下。

一般來說，企業在薪酬定位上具體可以選擇領先策略和跟隨策略。領先策略是指企業的薪酬水準自始至終都領先於市場平均水準。跟隨策略是指企業的薪酬水準自始至終都追隨市場平均水準，但總是低於市場平均水準。薪酬分位示意圖如圖46-2所示。

圖 46-2　薪酬分位示意圖

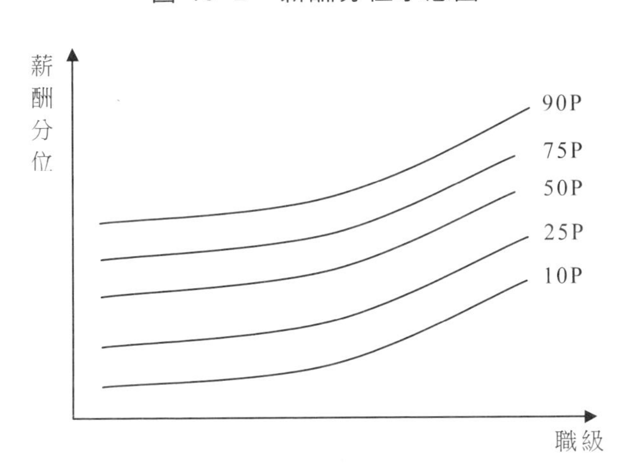

總之，當企業有較雄厚的實力，同時繼續打開市場或提升經營業績時會採用領先策略，期望透過完善的薪酬體系、較高的薪酬水準以及其他方面的配套措施吸引和保留能實現企業快速發展目標的優秀人才。而當企業處於創業初期，或尚未建立市場聲譽、資金週轉比較困難時，則傾向於採用跟隨策略。

二、確定級數、級差

確定員工薪酬的最高和最低額度後，接著要確定級數、級差。根據崗位價值評估結果或技術評定、能力測評結果，將眾多類型的薪酬歸併組合成若干個職級，其職級的數目叫做級數。員工薪酬額度上一個職級和下一個職級的差數，稱為級差。

薪酬級數的多少應根據企業的規模和工作的性質而定，其多寡並沒有絕對的標準。但若級數過少，員工會感到難以晉升，缺少激勵效果；相反，若級數過多，會增加管理的費用和難度。一般情況下，大中型企業內部的員工級數應在15～25為宜。

級差通常採用百分比，而不用數字的絕對值來計算。採用百分比計算級差，一般情況下級差應在8%～15%為宜。

等級差與不等級差之間的區別如下。

等級差。如以同一百分數作為級差，這時計算出來的薪酬數值應該成為一種凹型曲線。如果用數字的絕對值作為級差，計算出來的薪酬總額分佈示意圖則應該是一條直線或折線

不等級差。在薪酬設計過程中，企業會為不同層級的人員建立不同的薪酬級差，具體數值沒有定論，主要是根據經驗數據來確定，但各個級差的變化通常有一定的規律性。一般情況下，薪酬級差隨著崗位層次的提高而不斷增加。例如，在製造業，初級崗位的薪酬級差一般處於8%～10%；中級崗位的薪酬級差一般處於10%～13%；而高級崗位的薪酬級差一般處於13%～15%。

三、確定薪酬等級標準

薪酬等級標準是指單位時間(時/日/週/月)的薪酬金額，是計算和支付勞動者標準薪酬的基礎。薪酬等級標準可分為固定薪酬標準(前者一經規定，便具有相對的穩定性)和浮動薪酬標準(隨一定的勞動成果和支付能力上下浮動)兩種。薪酬等級標準的結構有三種。即每個職務(崗位)只有一個對應的薪酬標準，員工只有在改變職務(崗位)時才能調整薪酬。

特點：簡便易行，但不能反映同職務(崗位)不同勞動熟練程度員工的勞動差別。

1.「一職(崗)數薪」

即在每個職務(崗位)等級內設若干檔的薪酬標準，允許同一職務(崗位)的員工有不同的薪酬標準。

優點：利於反映同一等級內不同員工在勞動熟練程度上的差別；利於在員工職務(崗位)等級不變時，逐步適當地提高薪酬標準。

缺點：如果薪酬設計過低，則很難有效體現勞動差別；如果薪酬水準設計過高，則會使同等級員工的薪酬差別過大，並使整個薪酬標準級差過大。

2.「一職(崗)數薪，上下交叉」

在可變型薪酬標準基礎上演變而來的，即在同一職務(崗位)內部仍設立不同檔的薪酬標準，但低職務(崗位)的高等級薪酬標準與相鄰高職務(崗位)的低等級薪酬標準間適當交叉。

優點：利於難易程度相近的工作不因職務(崗位)差異而導致薪

酬差距過大；利於員工的臨時工作調動，同時體現員工勞動熟練程度上的差別。

缺點：涵蓋面不宜過大，否則會淡化不同職務(崗位)間的勞動差別。

確定薪酬等級標準需要考慮的因素，除了要遵守有關薪酬政策，符合要求外，一般還應考慮經濟支付能力、已達到的薪酬水準、居民生活費用狀況、勞動差別、勞動力供求狀況等因素。

確定薪酬等級標準的方法，通常應首先確定最低等級的薪酬標準，然後根據最低等級的薪酬標準和選定的各等級的薪酬等級係數，推算出其他等級的薪酬標準。

四、確定薪酬和崗位的對應關係

表 46-1　企業崗位等級及對應薪酬

序號	崗位名稱	崗位薪資(元)
1	總經理	2800
2	副總經理	2600
3	總工程師	2600
4	部門經理：工程部、材料部	2400
5	部門經理：辦公室、財務部、開發部、銷售部	2200
6	技術人員	2200
7	會計	1700
8	出納、人力資源、行政管理、文秘、檔案、物業管理	1600

薪酬與崗位的對應是建立在科學的崗位評價體系上。崗位評價的方法包括排列法、分類法、崗位參照法、評分法和因素比較法。企業應按照適合自己的方法，對崗位本身的價值做出客觀評價，然後根據這種評價結果賦予承擔各個崗位的人與該職位的價值相當的薪酬。

五、任職條件不足員工薪資級數的確定

一般情況下，企業在某項崗位空缺時，無論是從外部進行招聘還是從企業內部進行選拔，企業都應嚴格按照此崗位的職位說明書和規定的任職條件進行招聘或選拔。

由於目前社會上的人力資源供應不足，企業在出現崗位空缺時往往很難找到適當的人選。為了彌補空缺，企業只好退而求其次。針對這種情況，就需要企業確定那些任職條件不足員工的薪資級數。下面從三個方面進行詳細闡述。

1. 衡量標準

對於任職條件不足員工的薪資級數的確定，除依據職位說明書、崗位評價結果外，主要根據四項標準進行衡量，包括學歷、已經取得的職稱、資格證書和工作經驗。

2. 調整方法

以職位說明書中公司規定的學歷和工作經驗為任職標準值，企業依據上述四項標準衡量任職者，具體調整方法如下。

⑴依照學歷序列調整。學歷高一級，薪資級數增加一級；學歷低一級，薪資級數降低一級。

⑵依照工作經驗序列調整。工作經驗高一級，薪資級數增加一

級；工作經驗低一級，薪資級數降低一級。

⑶依照兩序列同時衡量調整。提升與降低可以互抵，即如果學歷高出一級，而工作經驗低一級，則級別維持不變。

⑷依照降低/提升幅度調整。降低/提升幅度以二級為限，如果條件嚴重不符合而需要降低/提升三級，除非特殊情況，企業應考慮更換人選。

⑸依照提升限制調整。提升以本序列最高級為限，即使任職者條件優秀，但薪資級數調整後也不超過本序列最高級。

上述調整方法也僅能作為企業某一時期的過渡方法。除特殊情況外，企業還應該依據職位說明書的任職條件進行人員配置。

3. 任職資格序列

在進行調整時，如果某一至兩項條件不符合職位說明書，其薪資級數應按照「任職資格序列表」進行調整，見表46-2。

表 46-2 任職資格序列表

序號	工作經驗	學歷	職稱
1	10年及以上	博士及以上	教授級高級工程師
2	5年	碩士	高級工程師
3	3年	本科	工程師
4	1年	大專	助理工程師
5	1年以下	中專	技術員
6		中專以下	

六、製作薪酬標準表

根據以上內容，得出每一名員工應得的薪資額度，最後形成一張總表，稱為「薪酬標準表」。該表不僅要列出薪酬總額，還要根據靜態、動態薪資比例去進行分解，最後才能形成完整的薪酬表，具體內容見表46-3。

表 46-3　薪酬標準表

單位：元

<table>
<tr><th rowspan="3">職級</th><th colspan="4">高層</th><th colspan="4">高層</th></tr>
<tr><th>月靜/動態薪資總額</th><th colspan="2">靜/動態薪資比例( )：( )</th><th rowspan="2">年薪資總額</th><th>月靜/動態薪資總額</th><th colspan="2">靜/動態薪資比例( )：( )</th><th rowspan="2">年薪資總額</th></tr>
<tr><th>級差(%)</th><th>月靜態薪資額</th><th>月動態薪資額</th><th>級差(%)</th><th>月靜態薪資額</th><th>月動態薪資額</th></tr>
<tr><td>1</td><td></td><td></td><td></td><td></td><td></td><td></td><td></td><td></td></tr>
<tr><td>2</td><td></td><td></td><td></td><td></td><td></td><td></td><td></td><td></td></tr>
<tr><td>3</td><td></td><td></td><td></td><td></td><td></td><td></td><td></td><td></td></tr>
<tr><td>4</td><td></td><td></td><td></td><td></td><td></td><td></td><td></td><td></td></tr>
<tr><td>5</td><td></td><td></td><td></td><td></td><td></td><td></td><td></td><td></td></tr>
<tr><td>6</td><td></td><td></td><td></td><td></td><td></td><td></td><td></td><td></td></tr>
<tr><td>7</td><td></td><td></td><td></td><td></td><td></td><td></td><td></td><td></td></tr>
<tr><td>……</td><td></td><td></td><td></td><td></td><td></td><td></td><td></td><td></td></tr>
</table>

47 發揮極限的用人術

談起用人術，以往常被提起的課題，不外是如何鼓舞員工的幹勁，做好人際關係，也就是所謂「Human Relation」的問題。有關這方面的報章書刊，市面上多的很。以往，企業的用人之道確實存在著種種為人詬病的問題，這些問題不外是人事制度上的不健全，也就是說人事的安排及工作的分配往往不合理。

關於人事的安排，職務的分派，事關每一個人的能力可否充分發揮，對公司的影響至深且钜。例如，明明是技術方面的好料子，偏偏硬要他做不合口味的財務預算工作；原是本事高強的推銷能手，偏要他長久沉浸在總務事務裏。這樣儘管充滿著幹勁，但是要他們大力發揮自我能力恐怕難上加難。這樣的企業，其用人方法可說是一種無形的莫大損失。

過去由於經濟高度成長的緣故，企業的主管明知公司多少有浪費現象而抱著無所謂的態度，因此發生人員浮濫的現象。可是時代已今非昔比，今後不管什麼企業，似乎已不容許如此的「奢侈」了。對於公司的每一個成員，不得不力促其能力發揮至最高極限了。

我們常可聽到這句話——企業是由人結合而成的。不錯，企業之生或死，全看如何用人而定。用人不當，企業絕無法蓬勃發展；至於如何有效地運用人力，渡過經濟危機的難關，這些重點都有提示。過去高度成長時期中，過份增員的結果，如今大部份的公司裏，不管那一部門都養著幾近 30%的冗員。因此，如能斬鋼截鐵採取「精兵主義」的話，相信單就人事費用就可節省為數可觀的成本。

如何有效地用人，這並不僅限於被管理者方面，其實管理階層本身亦有值得檢討之處。對企業來說，公司的董監事或經理級以上之主管，不比一般小職員，他們的言行動輒瞻觀，其影響力是深長的。

有些主管，整天坐在公司裏，到底做些什麼事令人莫名其妙，但是他們卻領著高薪(乾薪)。若以論工計酬的觀點來看，這事的確令人百思不解呢！

關於這一點，有的公司只給予更高的職位名義，而待遇並未相對提高，這種巧妙的措施似乎較為合理，為了要激發職員的辦事能力，有時這種果決的手段是必要的。

1. 用人之道，在於盡力提高每一個人的實力

用人力求精銳，它是節約經費、提高工作效率的一大關鍵，因此有許多公司特地將工作簡化或剔除，可是事違人願，實行起來常常容易遭受到挫折。

舉個例子來說，日本有一家製藥公司，為了加強推銷的陣容，將事務簡化，並且由事務員中遴選數位充任業務員。於是迅速採取事務的改進政策，結果每個月多出 500 個工作小時，也就大約多出三人份的剩餘力量來。

然而，在提拔推銷大將一事上卻碰到難題，終究該計劃仍舊難以實現。

因為改進的對象主要是女職員或新進人員的工作，要提拔她們當然簡單，但要找出一位真正忠心耿耿、熱衷於推銷的強手，談何

容易。想當初人事課長提案時曾說：「既然要改進工作，女職員或新職員多得是，只要以份量更重的工作委派他，至少可以頂出二位來」。

但總務課長卻提出異議反對，他說：「這豈不是開玩笑，假使二人都升格為推銷能手，那麼新增加的四個人員誰能保證把工作辦得好」。

果然正如總務課長所料，該公司的業務員之人事計劃終於以失敗收場。

由此可知，降低成本之道，單單改進工作，精簡人事是不夠的，問題還要顧及如何提高職員的熟練精確。

2. 貴公司有否三分之一冗員

陷入經營不善的某公司，被迫毅然將各部門的人員一律裁減30%。

公司裁減三分之一的人員一經裁減，自然會影響到業務，該公司的總經理不禁心慌憂慮，於是請教企業診斷顧問：「萬一業務因此發生紊亂，到時不是難以收場嗎？」這位企業顧問卻不以為然。一般的公司，不論那一部門，幾乎都存有 30%的多餘人力，只不過不願意吐露出來。

3. 對人的投資比對物的投資效果更佳

有家公司發生一則笑話：為了提高生產能量，購買最新式的機器設備，可是全公司裏誰也不會使用，於是這些機器只好被「冷凍」在公司的角落。當然這例子未免過於誇張」，可是過去無數的公司，對物的投資與對人的投資相較之下，往往輕視後者的重要性。

拿前面的笑話來說，龐大投資能否收回成本，或是全部泡湯，還是獲利二、三倍，終歸一句話，畢竟還須依靠人才的培育來配合。因此，對人的投資有時比對物的投資，在效果上可能高出兩三倍以上也說不定呢！

4. 屬下的過失，有時是上司未交待清楚所致

新進會計人員經常記錯帳務，被問到應收帳款分類簿的功用時，該員工如此回答：「啊！我一向遵照上司的吩咐記帳，其實不過是補助帳簿罷了，並不見得很重要……」這種意識程度的會計人員，怪不得常將帳務處理錯誤。不過嚴格說來，責任應該在於上司。上層的主管，若對屬下的工作性質或任務交待清楚的話，就不會發生這種無謂的錯誤。不過有時或許是因為上司本身對自己的任務都把握不住呢！

5. 上司緊迫盯人，屬下不敢怠慢

有機會到餐廳時，常可看到穿著白色制服的服務生和穿黑色制服的領班，仔細觀察之後，常常發現後者一邊端著碗碟，一邊擦拭餐桌，忙得團團轉，而前者卻顯得輕鬆沒事可做。反之，有的隨時面帶威嚴，瞪一眼，服務生們都努力工作，不敢稍有怠慢。

這種現象到處可見，在工廠裏，課長以上主管們經常自己忙得不可開交，安排操作、調配材料以及修理故障等等，一直都與屬下在一塊兒工作。如此，反而造成屬下偷懶的心理，縱使有再多的人手也總是感到不夠用。其實主管人員只要多盯住員工，工作的效率勢必提高。

6. 責備屬下之前，自己先檢驗一番

有一位經理，凡是屬下的工作，總要自己親自先試試才能放心。於是有人批評他，工作不交給下屬做，一切自己包辦，簡直像

「雜貨經理」一樣。其實不是這麼一回事，他之所以這樣做，莫非是想對事物做深入的瞭解，以求有所改進，然後交還給屬下。於是林小姐所做的費用帳，使之表格化，一目瞭然；劉先生寫了十幾張的經營分析資料，給濃縮為兩張了。

近來，對屬下的工作時感不滿意的上司愈來愈多，只是發牢騷並非上策。如有不滿意的地方，何不親自也去做一次看看，或許可查知何以工作效率如此的差，何以錯誤百出，進而可以設法改進其方法，凡事都一樣，從治本下功夫才是上策。

7. 讓員工知道自己的操作受到矚目

美國的西屋電氣公司曾舉辦過各種實驗，所提出各種新問題，可謂舉世聞名。其中一項是有關「燈光照明作業研究」的實驗。

該實驗的方法是將作業員分為甲、乙兩組，甲組的照明度不變動，保持原光度，乙組的則逐漸增強。結果，乙組的操作效率一如學者的預期，隨著照明度增強而徐徐增高，可是甲組這一邊，卻出乎意料之外的，操作效率也和乙組一樣。

尤其令調查人員驚奇的，這次實驗的燈光照明度是暗淡的，照理說，操作環境昏暗時，效率低落是不難想像的，可是他們的操作卻一樣的順利。這結果頗令學者感到不解。在分析檢討之後，得到一個結論，那就是作業員們知道自己是被調查的對象，自己的操作成果會受到矚目，因而工作效率自然而然會提高。

該實驗顯示著一項事實：員工的工作效率不一定單單受到工作環境的左右，個人的「工作意願」也是尤為重要的因素。同時，員工的工作意願是根據他們的工作成果是否受人注意而升沉的。

8. 指示工作的重要性，可減少錯誤

當您要求屬下做事時，為減少錯誤，您有何好絕招？是不是只用強迫的手段：「小心！不可弄錯！」這樣的語氣。要您的屬下自發性的去減少錯誤，其方法之一是說明該工作的重要性。例如：「這事情請趕一下，小心可別弄錯。」或是「這些是總經理要提出的文件，請迅速處理」。問題不在於擔心是否會弄錯，而是要看您所委託之事的要領如何。因為人類的正常心理大都如此，凡是不覺得重要的事，誰都會粗心的。

9. 與其從頭教珠算，不如買計算機

對會計人員來說，打算盤是必備的技能，不過並不是每一個人都能打得上段。於是，有些公司特別撥出時間，開班教授珠算。

很顯然，這樣可能比買計算機的成本來得高。因為珠算這項技能，不一定教完後人人就變得高明，單就在訓練期間裏，實務上改正錯誤而花費的時間就不可計數，那無疑是一種時間的浪費。而且，即使訓練有成，女職員離職率不算低。假如用電子計算機的話，即使用者換了人，計算機走不了，永遠留在公司，珠算差的職員也可幫上了忙呢！

10. 買香煙的人事費，比香煙還貴

在公司裏職位愈高的人，對於自己原本能做的事總愛支使他人幫他做，看來這種人有增多的趨勢。就拿您的週圍來說，一定有一兩個課長或經理，毫不介意地囑咐女職員：「×小姐，幫我去買包香煙好嗎？」這些人總希望凡事有人奉承，可是他們完全忽視自己的行為對公司損害的嚴重性。當職員正在辦公時，工作突然被打斷，要恢復原先的情況恐怕需要一段時間，因而，花在買香煙的種

種人事費用，更貴。

11.出差的車票，請自己買

一些主管人員有要事決定出差時，總是習慣性地吩咐女職員代買車票或飛機票，這實在是不好的現象。戰後的日本買票相當困難，但現在已改觀了，買車票不再是一件苦差事。台灣目前的情況正如過去的日本一樣，談起出差就想到買票的困難。不過這情況隨著鐵路電氣化、高速公路的完成將逐漸改善，那時買車票將是舉手之勞的事，而「黃牛」也將絕跡。甚至，在動身之前才在車站或機場購買即可。

這種小事情都不願意自己動手，什麼事都要女職員做，那麼女職員怎能安心順利的辦公。長此下去，再多的女職員也都不夠用，請記住，女職員並非您私人的服務生。

12.詢問台小姐兼做總務工作

美國有一家製鋼公司，當客人去訪問時，令人驚奇的，詢問台小姐卻背向著櫃台，和她打招呼也不見回頭，可是從小姐的面前掛著的一幅大鏡中，可見到小姐綻出的笑容，很顯然那是表示歡迎的態度。仔細一瞧，服務台的另一端是電話總機，顯然，該小姐是兼做接線生的差事。反觀國內一般公司的服務台小姐，大多閒坐一邊，儼然是公司的花瓶一樣，她們的辦事能力一半以上在休眠狀態中，多可惜；因此，即使簡單的小差事也好，只要給她們一點工作，總可發揮她們的工作能力吧！

13.推銷活動標準化，業務員的業績可更斐然

談到業績因人而異的職業，大概沒有比銷售工作更明顯的了。別的職業只要具有經驗，誰都能日漸老道，如果不是天大的難事，

相信每一個人的工作成果不會相差甚遠。

然而，唯獨銷售一事較特殊，業務員的經驗和銷售額並不一定成正比，但半途而廢，自認當然耳的人似乎不少，他們會把責任推諉到其他因素上，例如是對方的關係啦，衝勁的問題啦！

事實上，一般所說的衝勁，有如脫韁的野馬，將銷售活動放任無羈，並無中肯的銷售計劃，於是事倍功半。

關於這問題，美國的做法值得我們參考。

在美國，他們的做法是根據客戶的種類和量，將推銷活動客觀的翻版，以研究更有效的方法。例如，銷售推廣時該放置幾張型錄？展示會該舉辦多少次呢？使用幻燈的產品發表會該辦幾次？凡此種種都被一一加以檢討。換句話說，依據客戶的先後次序，對他們推廣的種類和量做重點式的考慮，進而將這些銷售活動標準化、手冊化。這樣，公司的人員將來不管誰擔當銷售工作，將可期待一定的成果，故全體業務員的銷售額可以增加，銷售計劃將達到科學化境界。

當然一味模仿美國方式並非好事，不過我們在此似有重新考慮推銷活動的必要了。

14.一人可以勝任的工作，一人為之

這是發生在同業拍賣場的事情，參加相關性產品拍賣的廠商有甲、乙、丙三家。其中甲、乙兩公司只派兩位職員，而丙公司卻遣出六位來。同樣大小位置的場所，丙公司的拍賣方式並無特殊，因此六位職員難免閒得無聊，於是他們私下妥協上午下午各三人分批留守，其餘的人輪流出去逛街。

這是實實在在的例子，「明明一個人可以勝任的工作，何以要

指派兩人來呢？」的確令人不解。因此一個人可以勝任的工作，就讓一個人去做，這才是理所當然的事。

15.無效的訪問，盡量避免

營業額的大小與訪問停留的時間絕非成正比，因為有無訪問都是無關緊要的多此一舉。故對業務員的訪問活動放任，不是一種好現象。

無可否認的業務員亦為人之子，他們的行程總易於朝向與銷售無關的地方去，他們喜歡長住在出生地之地區，但是這傾向無非是推銷活動的絆腳石。因此若不將這些無益處的訪問摒除，而把主力放在銷售額高的客戶上，則推銷毫無效率可言。

那麼要如何才好？首先，要讓業務員深深認清訪問的成本，這樣自然而然，他們會從訪問客戶名單中，漸漸淘汰那些小客戶。

訪問成本的演算法如下，假如業務員每一個人的月平均銷售管理費需 5 萬元，則一天約需 2000 元，若業務員一天的實際訪問時間為 6 小時，則每一小時約 700 元，也就是每一小時的訪問至少應能回報相等的利潤方才可以。

再將其換算為銷售額時，毛利 700 元，假設毛利率為 30%的話，則銷售金額應達 2300 元以上，若毛利僅為 110%的話，則金額更高，應達 35000 元之多。由此看來，每小時的訪問，若預測無法達到此金額，這樣的訪問推銷便是不合算的。

16.別讓業務員兼差雜物

根據調查，日本的一般業務員，他們每天在零售店實際與客戶面談的時間平均只不過三小時，如每天平均工作時間以九個小時來說，它僅佔三分之一，其餘時間再扣除車程往返的時間，則他們一天中實際從事業務活動的時間，不過是全天工作時間的二分之一罷了，這個比率並非表示其餘二分之一的時間，業務員盡在外頭遊樂浪費時間，實際上大部份時間，都被本份工作以外的雜事糾纏住。

只要我們仔細分析一下業務員的工作內容，不難發現他們的工作非常繁雜，如文件資料的整理、開會、督促交貨日期等雜事，剝奪他們太多的時間。

這種缺點，與美國業務員的工作態度相比較，更足顯而易見。美國業務員和客戶交談的時間大約佔工作時間的五分之一一，如再包括其他動作時間，業務活動實際所佔的比率高達十分之七，比之日本的推銷業務近五分之一的差距呢！

由此看來，業務員花在雜務的時間若能夠改善的話，將可培強五分之一的推銷力量。讓能幹的業務員幹那些誰都能做的雜務，的確大材小用，可惜之至。

17.對業務員的行動務必嚴加督導

雖然公司正在推行降低成本或提高工作效率的運動，可是業務員往往逍遙在外，因為他們只要把業績達成，似乎就可以「死罪」。因此連主管業務員的營業課長，也不太去管他們。

可是仔細觀察一下的話，就可發現一般業務員的工作效率已到令人滿意的程度。雖然他們已有了實績，但有更好的客戶要去訪問，而泡在咖啡廳或電影院，更能提高業績的好機會不是失去了嗎？故業務員的行動，如能多加約束，相信更能提高工作效率的。可是管束歸管束，稽核的工作若不夠嚴格，無疑會留給他們一條摸魚之路，反而喪失稽核的意義。

因此，有的公司要業務員每天交出日報表，何時何處做何事，均要求記錄下來。由這些記錄，多少可以窺視出業務員的缺點，業務員的計劃有所欠失，也會在記錄中顯露出來。看清了他們的缺點之後，課長即可分別給予各人適當的督導。

18.擴大業務員的活動地區，則分公司或營業所即可以裁減

每設一處營業所，必須要開銷一些與銷貨毫無直接關係的固定費用。而且這費用往往比想像中的更為可觀，因此分支機構越多，固定費用越不勝負荷。

因此，若能設法裁減這些分機構的話，自然可以減少許多開銷，要做到這樣並非難事，有一方法可以試行，即將擬撤出分公司的銷售地區，歸並在鄰近的分機構，然後藉著業務員出差來彌補其不足。因擴大推銷活動範圍而增加的各種費用，比起一家分公司的開銷應該更為合算才對。

19.訓辣多能的職工

公司若發生嚴重的人手荒時，「多能制度」可受到注目，所謂「多能制度」就是讓一個職員能做好幾種工作。拿運輸業或建築業來看，工作的忙、閑期波動很大，過去所用的專門技術工，總是有勞動力浪費的情形，現在既然陷入經濟不景氣之時，大家都開始在成本上競爭，誰能養成較多這種多能的職工，誰就較為有利。

僱用多能員工，只要三分之一的人事費，即可應付。現舉例說明，甲公司和乙公司都是大型的紡織公司，他們不但擁有紡織工廠，同時還有織布廠。但是，最近因為生意蕭條，於是織布廠的工作暫停，而採取託外加工的方式。接著派出指導員到加工廠，甲公司所訓練的員工是單方面的，上機、織機、整理等工程各需一人，

故不能不派出三位。而乙公司訓練的是多能技術員，從頭到尾的全部過程，只要派出一位去指導即可。這樣在人事費用上較甲公司省了三分之一。

正如前面的例子一樣，製造工廠的技術員或零售店的店員亦同樣可採取多能訓練，這種多能的員工，除本份的操作技能、接客等等之外，最好還能擔當安全管理或記帳任務，這樣的企業在低度成長年代中該能增加一分巨大的戰鬥力。

20.老練員工不宜當主管

大多數的公司裏，多少總有技術高超的員工，這些員工通常被稱為老練員工，在同事之間當然也是倍受推崇。並且，隨著年資的增加，漸漸成為組長的好人選，可是一旦他們成為主管時，他們多年所磨練出來的精湛技術就會被束之高閣，這樣豈非是浪費人才？

對老練員工，應該要讓他們充份發揮已擁有的技術，賦予更有份量的工作，這樣才能有效發揮公司的人力。至於對這些技術員工的報酬，不一定要刻意的給予名份，倒是在待遇方面不妨予以提高。

21.階級層次越少越好

一家公司裏，從總經理至第一線的業務員或生產單位的操作員，其中夾雜著無數的職位。諸如總經理、副總經理、常務董事、董事、廠長、經理、副理、課長、代理課長、股長、領班等等，猶如近年來所流行的高樓大廈一般。

以建築物來說，每增加一層即多增加一層建築費用，公司的組織亦然，從上到下的階層越多，人力、物力、金錢方面的消耗當也禽增高。故若想節約經費，非把公司的層次削減不可。可能以後從總經理到最低層人員，才分為兩三級，那就最為理想不過了。組織的架構能夠精簡，公司的業務將可望更順利地經營。

22.用人之道，不妨參考小工廠的組織

員工二十人到三十人的小工廠，被稱為總經理的是老闆，他與員工之間，頂多再僱用一個女秘書而已，也就是說，除現場的操作以外，一切大小工作均由老闆與女秘書包辦。

可是等到企業的規模一擴大，情況就改觀了，例如兩三千人的大工廠，規模是原來小工廠的十倍，則女秘書至少也要增加九人才可應付，而實際上人力的增加往往要比想像更多，不但工廠的總務、會計、資材、技術、生產等各課的主管需要男職員，就是總公司的營業和管理人員亦必須增加。

當然大公司與一般衛星工廠不盡相同，它必須要擁有獨特性的營銷、開發、技術及組織能力，為此所需的人才自然增加。不過讓我們再深入的採討一下，企業的組織是否真需要如此詳細劃分，需要如此多層化的金字塔組織呢？這點實在令人懷疑。

小工廠的老闆，從爭取訂單，現場巡視，乃至用人、調頭寸等，均由自己親自處理。而女秘書一身兼數職，掌櫃、核發薪資當然不用說，其他諸如開傳票、保管出貨發票、發送讀款單、甚至訂購原料，與同業交往等工作亦非她莫屬。這種工作型態，是小工廠的組織得以如此精簡的一大原因，頗值吾人借鏡。

23.指派一位婚喪喜慶的專門委員

「總經理甲工作，幾乎 60%的時間是為出席婚喪喜慶的儀式。」一個年輕的總經理慨嘆著。逢此經濟成長緩慢的時代，最高當局若不能全力以赴，經營上恐會有危機。如此一來本已夠忙的總經理，又被那些無關緊要的禮儀瑣事佔去那麼多的時間，實在令人受不

了，更談不上發揮什麼經營手腕了。

這情形在美國亦然，美國的一位經營評論家彼得，曾倡議設置一位婚喪喜慶的專門委員，他對外就是總經理的代理人。因為大多數的紅、白帖子的抬頭，並非意指給總經理個人，而是給公司的代表人，為了減除總經理的額外負擔，彼得的提案確是一個好辦法。

這位專門委員，不妨從已退休的總務人員中去尋找。據彼得的見解，該代理人並不用給予什麼報酬，但這一點不太合乎情理，不妨考慮給予退休人員的再僱用報酬，如公司提供一部車子或一間房子，願意效勞者勢必非常踴躍。公司花了這些錢，能使總經理專心致力於份內的職責，以增進業務的欣榮，想來諒必不會吃虧的。

24.裁減不配拿高薪的高級職員

經理、常務董監事等人數可以減少，尤其只會蓋章的董事絕不可增加。因為這些高級人員通常領著高薪，而且比一般職員高出甚多。尤其中小企業的公司中，如果有只領高薪而不具備工作能力的高級職員存在的話，公司全體人員再如何努力，利潤終究難以產生。

訂單雖然一直增加，可是成本仍無法壓低下來，那麼，只好將這批不配領高薪的高級頭目裁掉。

25.慎防秘書私用

聯絡親友的婚喪事宜，同學會的辦事處，安排私人的旅行，洽詢高爾夫球的事情，凡此等等，董監事常私遣秘書去辦，其實秘書往往有更重要的公事待辦。這種公私不分的混淆態度，無疑是濫用特權的表現。而這批高級人員，卻就是開口閉口要求公司盡量節約經費之人，可是他們本身在用人、用錢、用物上不以身作則，如何能得到員工的合作？他們的行動，對員工的心理影響很深，因此，務必將這塊「贅疣」割除。

26.加重高級職員的工作量，業績斐然

公司的高級人員，大都是經營經驗最豐富的幹才，因此待遇比一般人為高。換言之，他們是與人事費用息息相關的一羣，故談到降低成本，不得不以他們為重心。首先，可將那些與業務不大相關的間接事務去除，讓這些高級人員也能站在生產線上工作，以本身作為提高業績的典範。

有一建設公司規定，不管那一部門的主管，董監事等大頭目一律負有爭取客戶的義務，只要有機會，他們同樣必須替公司銷售房屋。

這種方式該是最好的經費節約術，可說與直接降低成本的方式殊途同歸。

27.中午婦人是勞力的寶貴來源

無論那一家工廠，都難免對女工管理制度感到頭痛。因為好不容易讓她們對操作熟悉了，她們卻又結婚一走了之。她們只把工作環境當作暫時的棲身之所，流動率因之高得令人不敢領教，這對工廠來說無疑是一項難以彌補的損失，故老闆常為此積滿一肚子的苦水。

何以會發生這種現象？追究起來大都是工廠過於信賴剛踏出校門的女孩子。她們一向被認為是最大的人力寶藏。

最近有一種現象，那就是結過婚的女性，不願意在家看管小孩，而寧願到外面來工作。不過由於有家庭牽累，無法像一般的員工上班八個小時以上，因而大部份工廠仍不願接受這批中年婦人。因此，以前曾是工作的老手、曾經活躍於工廠的這批人力，就這樣

被埋沒，被摒棄下來。事實上，女性的工作很多是不一定要全勤的，不必到工廠，可帶回家完成的工作不是沒有。像這些工作，慢慢地移送給這些想工作的老員工亦未嘗不可。她們既是老練的員工，一來不用在職訓練，二來對工作有責任感，如能將工作委任於她們，比較放心。

工作場所並無需以女工為花瓶，因此，與其僱用年輕貌美的小姐，反不如採用這些有實際工作經驗的中年婦人。另方面，對這些婦人來說，有機會再度發揮自己的能力，豈非一大樂事。

28.提高 30%薪金的節約妙計

由於奧林匹克運動會而迅速發展的東京旅館業，久亦因石油能源缺乏而蕭條，顧客的進出已不像往日頻繁，各處的旅館大都轉盈為虧，而能在同業中成為熱門話題的，就只有位於東京大井町的阪急大旅館，因為他們仍然保持無赤字的紀錄。

早在以前，阪急大旅館對降低成本就做得很徹底。該旅館的從業員人數，比之其他同業少之又少，而且這些少數的員工通常只訂一年的工作合約，這就是他們降低經費，避免淪入赤字經營的成功因素。

該大旅館，從開業至今，所招募的女性工作人員，以專科應屆畢業生為對象，同時彼此僅簽一年的合約。就受僱者的情況來說，由於待遇比一般高出 30%左右，因此來應徵者多如過江之鯽。雖然一年期的工作合約，拿不到獎金或離職金，但是這些女職員服務的時間充其量也不過兩三年罷了，故高薪似乎對她們較具魅力。至於對公司本身來說，比之每年要支出一筆可觀的獎金或離職金，或者是依年資年年昇遷的加薪金額，多付三、四成薪金，似乎還更合算。

這種一年期僱用制度，目前尚限於某種行業，其實採用這種制度不但不妨礙工作，而且求職者亦表歡迎，故照理不該由旅館業「獨善其身」呢！

心得欄

臺灣的核心競爭力，就在這裏！

圖 書 出 版 目 錄

下列圖書是由臺灣的憲業企管顧問（集團）公司所出版，自1993年秉持專業立場，特別注重實務應用，50餘位顧問師為企業界提供最專業的經營管理類圖書。

選購企管書，敬請認明品牌 ：憲業企管公司。

1.傳播書香社會，直接向本出版社購買，一律9折優惠，郵遞費用由本公司負擔。服務電話(02)27622241 (03)9310960 傳真(03)9310961

2.付款方式：請將書款轉帳到我公司下列的銀行帳戶。

- 銀行名稱：合作金庫銀行（敦南分行） 帳號：**5034-717-347447**
  公司名稱：憲業企管顧問有限公司
- 郵局劃撥號碼：**18410591** 郵局劃撥戶名：憲業企管顧問公司

3.圖書出版資料每週隨時更新，請見網站 www.bookstore99.com

經營顧問叢書

25	王永慶的經營管理	360 元
47	營業部門推銷技巧	390 元
52	堅持一定成功	360 元
56	對準目標	360 元
60	寶潔品牌操作手冊	360 元
72	傳銷致富	360 元
78	財務經理手冊	360 元
79	財務診斷技巧	360 元
86	企劃管理制度化	360 元
91	汽車販賣技巧大公開	360 元
97	企業收款管理	360 元
100	幹部決定執行力	360 元
122	熱愛工作	360 元
125	部門經營計劃工作	360 元
129	邁克爾•波特的戰略智慧	360 元
130	如何制定企業經營戰略	360 元
135	成敗關鍵的談判技巧	360 元
137	生產部門、行銷部門績效考核手冊	360 元
139	行銷機能診斷	360 元
140	企業如何節流	360 元
141	責任	360 元
142	企業接棒人	360 元
144	企業的外包操作管理	360 元
146	主管階層績效考核手冊	360 元
147	六步打造績效考核體系	360 元
148	六步打造培訓體系	360 元
149	展覽會行銷技巧	360 元

150	企業流程管理技巧	360 元
152	向西點軍校學管理	360 元
154	領導你的成功團隊	360 元
155	頂尖傳銷術	360 元
160	各部門編制預算工作	360 元
163	只為成功找方法，不為失敗找藉口	360 元
167	網路商店管理手冊	360 元
168	生氣不如爭氣	360 元
170	模仿就能成功	350 元
176	每天進步一點點	350 元
181	速度是贏利關鍵	360 元
183	如何識別人才	360 元
184	找方法解決問題	360 元
185	不景氣時期，如何降低成本	360 元
186	營業管理疑難雜症與對策	360 元
187	廠商掌握零售賣場的竅門	360 元
188	推銷之神傳世技巧	360 元
189	企業經營案例解析	360 元
191	豐田汽車管理模式	360 元
192	企業執行力（技巧篇）	360 元
193	領導魅力	360 元
198	銷售說服技巧	360 元
199	促銷工具疑難雜症與對策	360 元
200	如何推動目標管理(第三版)	390 元
201	網路行銷技巧	360 元
204	客戶服務部工作流程	360 元
206	如何鞏固客戶（增訂二版）	360 元
208	經濟大崩潰	360 元
215	行銷計劃書的撰寫與執行	360 元
216	內部控制實務與案例	360 元
217	透視財務分析內幕	360 元
219	總經理如何管理公司	360 元
222	確保新產品銷售成功	360 元
223	品牌成功關鍵步驟	360 元
224	客戶服務部門績效量化指標	360 元
226	商業網站成功密碼	360 元
228	經營分析	360 元
229	產品經理手冊	360 元
230	診斷改善你的企業	360 元

232	電子郵件成功技巧	360 元
234	銷售通路管理實務〈增訂二版〉	360 元
235	求職面試一定成功	360 元
236	客戶管理操作實務〈增訂二版〉	360 元
237	總經理如何領導成功團隊	360 元
238	總經理如何熟悉財務控制	360 元
239	總經理如何靈活調動資金	360 元
240	有趣的生活經濟學	360 元
241	業務員經營轄區市場（增訂二版）	360 元
242	搜索引擎行銷	360 元
243	如何推動利潤中心制度（增訂二版）	360 元
244	經營智慧	360 元
245	企業危機應對實戰技巧	360 元
246	行銷總監工作指引	360 元
247	行銷總監實戰案例	360 元
248	企業戰略執行手冊	360 元
249	大客戶搖錢樹	360 元
250	企業經營計劃〈增訂二版〉	360 元
252	營業管理實務（增訂二版）	360 元
253	銷售部門績效考核量化指標	360 元
254	員工招聘操作手冊	360 元
256	有效溝通技巧	360 元
257	會議手冊	360 元
258	如何處理員工離職問題	360 元
259	提高工作效率	360 元
261	員工招聘性向測試方法	360 元
262	解決問題	360 元
263	微利時代制勝法寶	360 元
264	如何拿到 VC（風險投資）的錢	360 元
267	促銷管理實務〈增訂五版〉	360 元
268	顧客情報管理技巧	360 元
269	如何改善企業組織績效〈增訂二版〉	360 元
270	低調才是大智慧	360 元
272	主管必備的授權技巧	360 元
275	主管如何激勵部屬	360 元

276	輕鬆擁有幽默口才	360 元
277	各部門年度計劃工作（增訂二版）	360 元
278	面試主考官工作實務	360 元
279	總經理重點工作（增訂二版）	360 元
282	如何提高市場佔有率（增訂二版）	360 元
283	財務部流程規範化管理（增訂二版）	360 元
284	時間管理手冊	360 元
285	人事經理操作手冊（增訂二版）	360 元
286	贏得競爭優勢的模仿戰略	360 元
287	電話推銷培訓教材（增訂三版）	360 元
288	贏在細節管理（增訂二版）	360 元
289	企業識別系統 CIS（增訂二版）	360 元
290	部門主管手冊（增訂五版）	360 元
291	財務查帳技巧（增訂二版）	360 元
292	商業簡報技巧	360 元
293	業務員疑難雜症與對策（增訂二版）	360 元
294	內部控制規範手冊	360 元
295	哈佛領導力課程	360 元
296	如何診斷企業財務狀況	360 元
297	營業部轄區管理規範工具書	360 元
298	售後服務手冊	360 元
299	業績倍增的銷售技巧	400 元
300	行政部流程規範化管理（增訂二版）	400 元
301	如何撰寫商業計畫書	400 元
302	行銷部流程規範化管理（增訂二版）	400 元
303	人力資源部流程規範化管理（增訂四版）	420 元
304	生產部流程規範化管理（增訂二版）	400 元
305	績效考核手冊(增訂二版)	400 元
306	經銷商管理手冊(增訂四版)	420 元
307	招聘作業規範手冊	420 元
308	喬・吉拉德銷售智慧	400 元
309	商品鋪貨規範工具書	400 元
310	企業併購案例精華(增訂二版)	420 元
311	客戶抱怨手冊	400 元
312	如何撰寫職位說明書(增訂二版)	400 元
313	總務部門重點工作（增訂三版）	400 元
314	客戶拒絕就是銷售成功的開始	400 元
315	如何選人、育人、用人、留人、辭人	400 元
316	危機管理案例精華	400 元
317	節約的都是利潤	400 元
318	企業盈利模式	400 元
319	應收帳款的管理與催收	420 元
320	總經理手冊	420 元
321	新產品銷售一定成功	420 元
322	銷售獎勵辦法	420 元
323	財務主管工作手冊	420 元
324	降低人力成本	420 元

《商店叢書》

18	店員推銷技巧	360 元
30	特許連鎖業經營技巧	360 元
35	商店標準操作流程	360 元
36	商店導購口才專業培訓	360 元
37	速食店操作手冊〈增訂二版〉	360 元
38	網路商店創業手冊〈增訂二版〉	360 元
40	商店診斷實務	360 元
41	店鋪商品管理手冊	360 元
42	店員操作手冊（增訂三版）	360 元
43	如何撰寫連鎖業營運手冊〈增訂二版〉	360 元
44	店長如何提升業績〈增訂二版〉	360 元
45	向肯德基學習連鎖經營〈增訂二版〉	360 元
47	賣場如何經營會員制俱樂部	360 元
48	賣場銷量神奇交叉分析	360 元

49	商場促銷法寶	360 元
53	餐飲業工作規範	360 元
54	有效的店員銷售技巧	360 元
55	如何開創連鎖體系〈增訂三版〉	360 元
56	開一家穩賺不賠的網路商店	360 元
57	連鎖業開店複製流程	360 元
58	商鋪業績提升技巧	360 元
59	店員工作規範（增訂二版）	400 元
60	連鎖業加盟合約	400 元
61	架設強大的連鎖總部	400 元
62	餐飲業經營技巧	400 元
63	連鎖店操作手冊(增訂五版)	420 元
64	賣場管理督導手冊	420 元
65	連鎖店督導師手冊（增訂二版）	420 元
66	店長操作手冊（增訂六版）	420 元
67	店長數據化管理技巧	420 元
68	開店創業手冊〈增訂四版〉	420 元
69	連鎖業商品開發與物流配送	420 元
70	連鎖業加盟招商與培訓作法	420 元
71	金牌店員內部培訓手冊	420 元

《工廠叢書》

15	工廠設備維護手冊	380 元
16	品管圈活動指南	380 元
17	品管圈推動實務	380 元
20	如何推動提案制度	380 元
24	六西格瑪管理手冊	380 元
30	生產績效診斷與評估	380 元
32	如何藉助 IE 提升業績	380 元
38	目視管理操作技巧(增訂二版)	380 元
46	降低生產成本	380 元
47	物流配送績效管理	380 元
51	透視流程改善技巧	380 元
55	企業標準化的創建與推動	380 元
56	精細化生產管理	380 元
57	品質管制手法〈增訂二版〉	380 元
58	如何改善生產績效〈增訂二版〉	380 元
68	打造一流的生產作業廠區	380 元
70	如何控制不良品〈增訂二版〉	380 元
71	全面消除生產浪費	380 元
72	現場工程改善應用手冊	380 元
75	生產計劃的規劃與執行	380 元
77	確保新產品開發成功（增訂四版）	380 元
79	6S 管理運作技巧	380 元
80	工廠管理標準作業流程〈增訂二版〉	380 元
83	品管部經理操作規範〈增訂二版〉	380 元
84	供應商管理手冊	380 元
85	採購管理工作細則〈增訂二版〉	380 元
87	物料管理控制實務〈增訂二版〉	380 元
88	豐田現場管理技巧	380 元
89	生產現場管理實戰案例〈增訂三版〉	380 元
90	如何推動 5S 管理（增訂五版）	420 元
92	生產主管操作手冊(增訂五版)	420 元
93	機器設備維護管理工具書	420 元
94	如何解決工廠問題	420 元
95	採購談判與議價技巧〈增訂二版〉	420 元
96	生產訂單運作方式與變更管理	420 元
97	商品管理流程控制(增訂四版)	420 元
98	採購管理實務〈增訂六版〉	420 元
99	如何管理倉庫〈增訂八版〉	420 元
100	部門績效考核的量化管理（增訂六版）	420 元
101	如何預防採購舞弊	420 元

《醫學保健叢書》

1	9 週加強免疫能力	320 元
3	如何克服失眠	320 元
4	美麗肌膚有妙方	320 元
5	減肥瘦身一定成功	360 元
6	輕鬆懷孕手冊	360 元
7	育兒保健手冊	360 元
8	輕鬆坐月子	360 元

11	排毒養生方法	360 元
13	排除體內毒素	360 元
14	排除便秘困擾	360 元
15	維生素保健全書	360 元
16	腎臟病患者的治療與保健	360 元
17	肝病患者的治療與保健	360 元
18	糖尿病患者的治療與保健	360 元
19	高血壓患者的治療與保健	360 元
22	給老爸老媽的保健全書	360 元
23	如何降低高血壓	360 元
24	如何治療糖尿病	360 元
25	如何降低膽固醇	360 元
26	人體器官使用說明書	360 元
27	這樣喝水最健康	360 元
28	輕鬆排毒方法	360 元
29	中醫養生手冊	360 元
30	孕婦手冊	360 元
31	育兒手冊	360 元
32	幾千年的中醫養生方法	360 元
34	糖尿病治療全書	360 元
35	活到 120 歲的飲食方法	360 元
36	7 天克服便秘	360 元
37	為長壽做準備	360 元
39	拒絕三高有方法	360 元
40	一定要懷孕	360 元
41	提高免疫力可抵抗癌症	360 元
42	生男生女有技巧〈增訂三版〉	360 元

《培訓叢書》

11	培訓師的現場培訓技巧	360 元
12	培訓師的演講技巧	360 元
15	戶外培訓活動實施技巧	360 元
17	針對部門主管的培訓遊戲	360 元
21	培訓部門經理操作手冊（增訂三版）	360 元
23	培訓部門流程規範化管理	360 元
24	領導技巧培訓遊戲	360 元
26	提升服務品質培訓遊戲	360 元
27	執行能力培訓遊戲	360 元
28	企業如何培訓內部講師	360 元
29	培訓師手冊（增訂五版）	420 元
30	團隊合作培訓遊戲(增訂三版)	420 元
31	激勵員工培訓遊戲	420 元
32	企業培訓活動的破冰遊戲（增訂二版）	420 元
33	解決問題能力培訓遊戲	420 元
34	情商管理培訓遊戲	420 元
35	企業培訓遊戲大全(增訂四版)	420 元
36	銷售部門培訓遊戲綜合本	420 元

《傳銷叢書》

4	傳銷致富	360 元
5	傳銷培訓課程	360 元
10	頂尖傳銷術	360 元
12	現在輪到你成功	350 元
13	鑽石傳銷商培訓手冊	350 元
14	傳銷皇帝的激勵技巧	360 元
15	傳銷皇帝的溝通技巧	360 元
19	傳銷分享會運作範例	360 元
20	傳銷成功技巧（增訂五版）	400 元
21	傳銷領袖（增訂二版）	400 元
22	傳銷話術	400 元
23	如何傳銷邀約	400 元

《幼兒培育叢書》

1	如何培育傑出子女	360 元
2	培育財富子女	360 元
3	如何激發孩子的學習潛能	360 元
4	鼓勵孩子	360 元
5	別溺愛孩子	360 元
6	孩子考第一名	360 元
7	父母要如何與孩子溝通	360 元
8	父母要如何培養孩子的好習慣	360 元
9	父母要如何激發孩子學習潛能	360 元
10	如何讓孩子變得堅強自信	360 元

《成功叢書》

1	猶太富翁經商智慧	360 元
2	致富鑽石法則	360 元
3	發現財富密碼	360 元

《企業傳記叢書》

1	零售巨人沃爾瑪	360 元
2	大型企業失敗啟示錄	360 元
3	企業併購始祖洛克菲勒	360 元

4	透視戴爾經營技巧	360 元
5	亞馬遜網路書店傳奇	360 元
6	動物智慧的企業競爭啟示	320 元
7	CEO 拯救企業	360 元
8	世界首富　宜家王國	360 元
9	航空巨人波音傳奇	360 元
10	傳媒併購大亨	360 元

《智慧叢書》

1	禪的智慧	360 元
2	生活禪	360 元
3	易經的智慧	360 元
4	禪的管理大智慧	360 元
5	改變命運的人生智慧	360 元
6	如何吸取中庸智慧	360 元
7	如何吸取老子智慧	360 元
8	如何吸取易經智慧	360 元
9	經濟大崩潰	360 元
10	有趣的生活經濟學	360 元
11	低調才是大智慧	360 元

《DIY 叢書》

1	居家節約竅門 DIY	360 元
2	愛護汽車 DIY	360 元
3	現代居家風水 DIY	360 元
4	居家收納整理 DIY	360 元
5	廚房竅門 DIY	360 元
6	家庭裝修 DIY	360 元
7	省油大作戰	360 元

《財務管理叢書》

1	如何編制部門年度預算	360 元
2	財務查帳技巧	360 元
3	財務經理手冊	360 元
4	財務診斷技巧	360 元
5	內部控制實務	360 元
6	財務管理制度化	360 元
8	財務部流程規範化管理	360 元
9	如何推動利潤中心制度	360 元

為方便讀者選購，本公司將一部分上述圖書又加以專門分類如下：

《主管叢書》

1	部門主管手冊（增訂五版）	360 元
2	總經理手冊	420 元
4	生產主管操作手冊（增訂五版）	420 元
5	店長操作手冊（增訂六版）	420 元
6	財務經理手冊	360 元
7	人事經理操作手冊	360 元
8	行銷總監工作指引	360 元
9	行銷總監實戰案例	360 元

《總經理叢書》

1	總經理如何經營公司(增訂二版)	360 元
2	總經理如何管理公司	360 元
3	總經理如何領導成功團隊	360 元
4	總經理如何熟悉財務控制	360 元
5	總經理如何靈活調動資金	360 元
6	總經理手冊	420 元

《人事管理叢書》

1	人事經理操作手冊	360 元
2	員工招聘操作手冊	360 元
3	員工招聘性向測試方法	360 元
5	總務部門重點工作（增訂三版）	400 元
6	如何識別人才	360 元
7	如何處理員工離職問題	360 元
8	人力資源部流程規範化管理（增訂四版）	420 元
9	面試主考官工作實務	360 元
10	主管如何激勵部屬	360 元
11	主管必備的授權技巧	360 元
12	部門主管手冊（增訂五版）	360 元

《理財叢書》

1	巴菲特股票投資忠告	360 元
2	受益一生的投資理財	360 元
3	終身理財計劃	360 元
4	如何投資黃金	360 元
5	巴菲特投資必贏技巧	360 元
6	投資基金賺錢方法	360 元
7	索羅斯的基金投資必贏忠告	360 元
8	巴菲特為何投資比亞迪	360 元

《網路行銷叢書》

1	網路商店創業手冊〈增訂二版〉	360 元
2	網路商店管理手冊	360 元
3	網路行銷技巧	360 元
4	商業網站成功密碼	360 元
5	電子郵件成功技巧	360 元
6	搜索引擎行銷	360 元

《企業計劃叢書》

1	企業經營計劃〈增訂二版〉	360 元
2	各部門年度計劃工作	360 元
3	各部門編制預算工作	360 元
4	經營分析	360 元
5	企業戰略執行手冊	360 元

請保留此圖書目錄：

未來在長遠的工作上，此圖書目錄可能會對您有幫助！！

使用培訓、提升企業競爭力是萬無一失、事半功倍的方法。其效果更具有超大的「投資報酬力」！

最暢銷的商店叢書

名稱	特價	名稱	特價
4 餐飲業操作手冊	390 元	35 商店標準操作流程	360 元
5 店員販賣技巧	360 元	36 商店導購口才專業培訓	360 元
10 賣場管理	360 元	37 速食店操作手冊〈增訂二版〉	360 元
12 餐飲業標準化手冊	360 元	38 網路商店創業手冊〈增訂二版〉	360 元
13 服飾店經營技巧	360 元	39 店長操作手冊（增訂四版）	360 元
18 店員推銷技巧	360 元	40 商店診斷實務	360 元
19 小本開店術	360 元	41 店鋪商品管理手冊	360 元
20 365 天賣場節慶促銷	360 元	42 店員操作手冊（增訂三版）	360 元
29 店員工作規範	360 元	43 如何撰寫連鎖業營運手冊〈增訂二版〉	360 元
30 特許連鎖業經營技巧	360 元	44 店長如何提升業績〈增訂二版〉	360 元
32 連鎖店操作手冊（增訂三版）	360 元	45 向肯德基學習連鎖經營〈增訂二版〉	360 元
33 開店創業手冊〈增訂二版〉	360 元	46 連鎖店督導師手冊	360 元
34 如何開創連鎖體系〈增訂二版〉	360 元	47 賣場如何經營會員制俱樂部	360 元

上述各書均有在書店陳列販賣，若書店賣完而來不及由庫存書補充上架，請讀者直接向店員詢問、購買，最快速、方便！**購買方法如下：**

銀行名稱：合作金庫銀行　敦南分行(代碼：006)

帳號：**5034-717-347-447**

公司名稱：憲業企管顧問有限公司

郵局劃撥帳號：18410591

使用培訓、提升企業競爭力是萬無一失、事半功倍的方法。其效果更具有超大的「投資報酬力」！

最暢銷的工廠叢書

名稱	特價	名稱	特價
5 品質管理標準流程	380 元	50 品管部經理操作規範	380 元
9 ISO 9000 管理實戰案例	380 元	51 透視流程改善技巧	380 元
10 生產管理制度化	360 元	55 企業標準化的創建與推動	380 元
11 ISO 認證必備手冊	380 元	56 精細化生產管理	380 元
12 生產設備管理	380 元	57 品質管制手法〈增訂二版〉	380 元
13 品管員操作手冊	380 元	58 如何改善生產績效〈增訂二版〉	380 元
15 工廠設備維護手冊	380 元	60 工廠管理標準作業流程	380 元
16 品管圈活動指南	380 元	62 採購管理工作細則	380 元
17 品管圈推動實務	380 元	63 生產主管操作手冊（增訂四版）	380 元
20 如何推動提案制度	380 元	64 生產現場管理實戰案例〈增訂二版〉	380 元
24 六西格瑪管理手冊	380 元	65 如何推動 5S 管理（增訂四版）	380 元
30 生產績效診斷與評估	380 元	67 生產訂單管理步驟〈增訂二版〉	380 元
32 如何藉助 IE 提升業績	380 元	68 打造一流的生產作業廠區	380 元
35 目視管理案例大全	380 元	70 如何控制不良品〈增訂二版〉	380 元
38 目視管理操作技巧（增訂二版）	380 元	71 全面消除生產浪費	380 元
40 商品管理流程控制（增訂二版）	380 元	72 現場工程改善應用手冊	380 元
42 物料管理控制實務	380 元	73 部門績效考核的量化管理（增訂四版）	380 元
46 降低生產成本	380 元	74 採購管理實務〈增訂四版〉	380 元
47 物流配送績效管理	380 元	75 生產計劃的規劃與執行	380 元
49 6S 管理必備手冊	380 元	76 如何管理倉庫（增訂六版）	380 元

上述各書均有在書店陳列販賣，若書店賣完而來不及由庫存書補充上架，請讀者直接向店員詢問、購買，最快速、方便！購買方法如下：

銀行名稱：合作金庫銀行　敦南分行(代碼：006)

帳號：**5034-717-347-447**

公司名稱：憲業企管顧問有限公司

郵局劃撥帳號：18410591

使用培訓、提升企業競爭力是萬無一失、事半功倍的方法。其效果更具有超大的「投資報酬力」！

最暢銷的培訓叢書

名稱	特價	名稱	特價
4 領導人才培訓遊戲	360 元	17 針對部門主管的培訓遊戲	360 元
8 提升領導力培訓遊戲	360 元	18 培訓師手冊	360 元
11 培訓師的現場培訓技巧	360 元	19 企業培訓遊戲大全（增訂二版）	360 元
12 培訓師的演講技巧	360 元	20 銷售部門培訓遊戲	360 元
14 解決問題能力的培訓技巧	360 元	21 培訓部門經理操作手冊（增訂三版）	360 元
15 戶外培訓活動實施技巧	360 元	22 企業培訓活動的破冰遊戲	360 元
16 提升團隊精神的培訓遊戲	360 元	23 培訓部門流程規範化管理	360 元

上述各書均有在書店陳列販賣，若書店賣完而來不及由庫存書補充上架，請讀者直接向店員詢問、購買，最快速、方便！購買方法如下：

銀行名稱：合作金庫銀行 敦南分行（代碼：006）

帳號：**5034-717-347-447**

公司名稱：憲業企管顧問有限公司

郵局劃撥帳號：18410591

使用培訓、提升企業競爭力是萬無一失、事半功倍的方法。其效果更具有超大的「投資報酬力」！

最暢銷的傳銷叢書

名稱	特價	名稱	特價
4 傳銷致富	360 元	13 鑽石傳銷商培訓手冊	350 元
5 傳銷培訓課程	360 元	14 傳銷皇帝的激勵技巧	360 元
7 快速建立傳銷團隊	360 元	15 傳銷皇帝的溝通技巧	360 元
10 頂尖傳銷術	360 元	17 傳銷領袖	360 元
11 傳銷話術的奧妙	360 元	18 傳銷成功技巧（增訂四版）	360 元
12 現在輪到你成功	350 元	19 傳銷分享會運作範例	360 元

上述各書均有在書店陳列販賣，若書店賣完而來不及由庫存書補充上架，請讀者直接向店員詢問、購買，最快速、方便！購買方法如下：

銀行名稱：合作金庫銀行　敦南分行(代碼：006)

帳號：**5034-717-347-447**

公司名稱：憲業企管顧問有限公司

郵局劃撥帳號：18410591

使用培訓、提升企業競爭力是萬無一失、事半功倍的方法。其效果更具有超大的「投資報酬力」！

最暢銷的醫學保健叢書

名稱	特價	名稱	特價
1 9 週加強免疫能力	320 元	24 如何治療糖尿病	360 元
3 如何克服失眠	320 元	25 如何降低膽固醇	360 元
4 美麗肌膚有妙方	320 元	26 人體器官使用說明書	360 元
5 減肥瘦身一定成功	360 元	27 這樣喝水最健康	360 元
6 輕鬆懷孕手冊	360 元	28 輕鬆排毒方法	360 元
7 育兒保健手冊	360 元	29 中醫養生手冊	360 元
8 輕鬆坐月子	360 元	30 孕婦手冊	360 元
11 排毒養生方法	360 元	31 育兒手冊	360 元
12 淨化血液　強化血管	360 元	32 幾千年的中醫養生方法	360 元
13 排除體內毒素	360 元	33 免疫力提升全書	360 元
14 排除便秘困擾	360 元	34 糖尿病治療全書	360 元
15 維生素保健全書	360 元	35 活到 120 歲的飲食方法	360 元
16 腎臟病患者的治療與保健	360 元	367 天克服便秘	360 元
17 肝病患者的治療與保健	360 元	37 為長壽做準備	360 元
18 糖尿病患者的治療與保健	360 元	38 生男生女有技巧〈增訂二版〉	360 元
19 高血壓患者的治療與保健	360 元	39 拒絕三高有方法	360 元
22 給老爸老媽的保健全書	360 元	40 一定要懷孕	360 元
23 如何降低高血壓	360 元		

上述各書均有在書店陳列販賣，若書店賣完而來不及由庫存書補充上架，請讀者直接向店員詢問、購買，最快速、方便！購買方法如下：

銀行名稱：合作金庫銀行 敦南分行(代碼：006)

帳號：**5034-717-347-447**

公司名稱：憲業企管顧問有限公司

郵局劃撥帳號：18410591

在海外出差的………

臺灣上班族

愈來愈多的台灣上班族，到海外工作(或海外出差)，對工作的努力與敬業，是台灣上班族的核心競爭力；一個明顯的例子，返台休假期間，台灣上班族都會抽空再買書，設法充實自身專業能力。

[憲業企管顧問公司] 以專業立場,為企業界提供專業咨詢，並提供最專業的各種經營管理類圖書。

85%的台灣上班族都曾經有過購買(或閱讀) **[憲業企管顧問公司]** 所出版的各種企管圖書。

建議你：工作之餘要多看書，加強競爭力。

台灣最大的企管圖書網站
www.bookstore99.com

當市場競爭激烈時：

培訓員工，強化員工競爭力
是企業最佳對策

「人才」是企業最大的財富。如何提升人才，是企業永續經營、戰勝對手的核心競爭力。積極培訓公司內部員工，是經濟不景氣時期的最佳戰略，而最快速的具體作法，就是「**建立企業內部圖書館，鼓勵員工多閱讀、多進修專業書藉**」

建議您：請一次購足本公司所出版各種經營管理類圖書，作為貴公司內部員工培訓圖書。 使用率高的（例如「贏在細節管理」），準備 3 本；使用率低的（例如「工廠設備維護手冊」），只買 1 本。

經營顧問叢書 (324)　　售價：420 元

降低人力成本

西元二〇一七年三月　　初版一刷

編輯指導：黃憲仁

編著：吳易華（臺北） 張常勝（武漢）

策劃：麥可國際出版有限公司（新加坡）

編輯：蕭玲

校對：劉飛娟

發行人：黃憲仁

發行所：憲業企管顧問有限公司

電話：（02）2762-2241　（03）9310960　0930872873

電子郵件聯絡信箱：huang2838@yahoo.com.tw

銀行 ATM 轉帳：合作金庫銀行　帳號：5034-717-347447

郵政劃撥：18410591　憲業企管顧問有限公司

江祖平律師顧問：紙品書、數位書著作權與版權均歸本公司所有

登記證：行政業新聞局版台業字第 6380 號

本公司徵求海外版權出版代理商（0930872873）

本圖書是由憲業企管顧問（集團）公司所出版，以專業立場，為企業界提供最專業的各種經營管理類圖書。

圖書編號 ISBN：978-986-369-055-9